JN116859

100万PV連発のコラムニスト直伝

「バズる文章」のつくり方

尾藤克之
Katsuyuki Bitou

WAVE出版

そして指導の「内容」は次の通りです。

①論理的な文章について、主要な論点と従属的な論点との関係を考え、論理の展開や要旨を的確にとらえること。

②文学的な文章について、主題、構成、叙述などを確かめ、人物、情景、心情などを的確にとらえること。

③目的や内容に応じた様々な読み方を通して、文章の読解、鑑賞を深め、人間、社会、自然などについて自分の考えを深めたり発展させたりすること。

④文体、修辞などと内容との関係を考え、表現上の特色をとらえること。

⑤語句の意味、用法を的確に理解し、語彙を豊かにすること。

⑥文章や作品を読んで要約したり、感想をまとめたり、自分の考えを筋道を立てて話したり書いたりすること。

文章を伝える、作成するは、⑥に該当しますが、①～⑤は読解力を高める内容です。見てわかる通り、文章作成スキルを高める要素が含まれていません。漢字や文法、全体の読解力を高めることができても、相手に伝えるための要素が圧倒的に少ないのです。

入試を思い出してください。読解力を試す問題はあっても、文章力を測る記述式の問題はないと思います。しかも最近の試験はマークシート方式に移行していますから、自分の文章力のレベルを知ることなく、そのまま大学で学び社会人になっていきます。

ところが、社会に出たらどうでしょうか？　日報、報告書、企画書、議事録、論文など、書くことだらけです。そもそも、自分のレベルがわかりませんからうまく書けたかどうかもわからないはずです。

にもかかわらず、「書き方が下手だ」と上司から注意され、罵倒され、場合によっては昇進・昇格にも影響を及ぼすようになります。このような日々をすごすうちに文章を書くことに苦手意識を持ち、自信を喪失していきます。

ですから、今あなたが書くことに自信がなくても心配することはありません。習っていないのですから書けなくて当然なのです。もちろん、かくいう私も専門的に習ったわけではありません。

「文章を書きつづけることで上達する」という意見があります。確かに、何事にも慣れが必要ですが、それだけでは上達は難しいでしょう。

たとえば野球、あなたがどんなに投げ込みをしても、ダルビッシュや田中将大のようなスピードボールを投げることはできないと思います。フォームをマネしても上達は見込めません。

ですが、ダルビッシュや田中将大を育てたコーチから教われば、上達は早くなるはずです。理由は、うまくなるコツを教えてもらえるからです。

文章にも同じようなことがいえます。やみくもに文章を書いていても上達は見込めません。まずは、**あなたの現状を理解して上達するためのコツを学ぶ必要があります。**

文章に苦手意識を持つ人を見てきて思うことは、苦手な人ほど「何を書かなければいけないか」が明確化できていないということです。

文章とは、「伝達手段」であり「自己表現」の１つです。最終的には、どのように書いても伝わればいいのです。

実は、私も決して初めから文章を書くのが得意だったわけではありません。たまに昔投稿したネット記事を読み直すと「ひどい文章だった……」と恥ずかしく思うことがあります。

今でも書いたものが人の目にふれることに対して恐怖心がないわけではありません、それでも経験値が上がることによってある程度は慣れてくるのだと思います。

日本語学者と呼ばれる専門家がいます。彼らは完璧な日本語を使うことができるでしょう。しかし、仕事の現場においてそこまでのレベルが求められることはありません。作家も同じです。

日本語学者に匹敵するくらい日本語を緻密に読める人は、私の知る限りほとんどいません。また、文法が正しく正確な日本語のほうが伝わりやすいかといえばそんなことはありません。

少し気が楽になりましたよね？

読み終わったらまたお会いしましょう！

本書の読み方について

本書は大きく３つのパートに分かれています。

- 第1章、第2章……SNS活用術編
- 第3章～第8章……バズる文章術編
- 特別付録

「この機会にSNSを戦力化し活用していきたい」という人は、第１章から読んでください。そして、第９章の特別付録を実際に活用してみてください。これは実際に私がフォロワー獲得のために行なった事例をもとに書き起こしたものです。

それなりのトライ＆エラーと修正作業が必要でしたが、本書を読まれている方はそのまま実行するだけですから、かなり効率的なはずです。本書に書かれているように手順を進めれば効果が出ると確信しています。

いっぽう「今のところSNSを活用する予定はない」、または「すでにうまく活用できていて本書を参考にする必要がない」という人は、第１～２章を読まずに、第３章からお読みいただいてもかまいません。一般的な文章術、バズる文章術として参考にしてください。

最後の特別付録は、Twitterのフォロワー数増加を目的に作成したものです。実際に私が運用し、反響がありました。Twitter以外でも興味を持つ人は多いと思います。文字数はTwitter配信用に合わせていますが、少々加筆してブログ記事にしても面白いと思います。うまく活用してください。

目 次 Contents

第2章 ファンをさらに増やすために必要なこと

第3章 読ませることの本質を理解しているか

第4章 「読者は読まない」のが当たり前

第5章 誰に向けて、何を書くか？何を書かないか？

第6章 文章は書く前の準備が9割

第7章 「基本の型」がない文章は読まれない

徹底的に研ぎ澄ますテクニック

ブックデザイン bookwall
本文DTP&図版制作 津久井直美
校正 小倉優子
編集&プロデュース 貝瀬裕一(MXエンジニアリング)

第1章

なぜ「バズりたい」のか？目的を明確にしよう

自分のサイトを分析してみよう

●「Googleアナリティクス」と「Google Search Console」

Googleが提供している「Googleアナリティクス」という解析ツールがあります。無料ですが高度な分析が可能です。サイトを閲覧している人が、どこから来て、どのコンテンツに注目して、どのような行動をしているかまでがすぐにわかります。

さらに、閲覧しているデバイス（スマホやパソコンなどの種別）まで解析することができます。Googleアナリティクスはサイトを運営するうえにおいて必須ツールといえるでしょう。

「Google Search Console」（愛称：サチコ）もGoogleが提供している分析ツールです。Googleアナリティクスがサイトを訪問したユーザーアクセスを分析するのに対して、サチコはアクセス前のデータ分析に特徴があります。

サイトの評価を知りたいときに使用すればGoogleの検索エンジンの表示結果から表示回数・掲載順位がわかります。

●Googleはあなたのサイトをどう評価しているのか？

さらに、要因分析も可能です。ページにアクセスが少ない場合、原因を特定することができます。自分のサイトはGoogleにどのように評価されているかのか？——たとえば、掲載順位、クリック数、コンバージョンなど実際にサイトの導線が把握できます。そのため、検索エンジンに対しての施策を打ちやすくなるなどの効果があります。

さらに、サイト上の問題も把握することが可能です。404エラー（サイトが存在しない）やリンク切れなどのクロールエラーを修正するので便利です。

まずは、「Google アナリティクス」と「Google Search Console」を併用するところから始めてみましょう。2つのツールを連携して使うことで全体をつかめるようになるはずです。

SEOの知識レベルは人それぞれです。会社によってサイト担当者の職責も異なれば予算もまったく異なります。ただし1つ必ず言えることは、詳細な分析をしても活用できなければ意味がないということです。**活用できないデータはムダとしか言いようがありません。**

まずは、「どのような情報が欲しいのか？」「どのように活かしたいのか？」を整理してください。少なくとも、Googleの2つのツールを使いこなせるようにならなければサイト分析などできません。

POINT

Googleアナリティクス、Google Search Console（サチコ）の2つを使いこなしてみよう。このツールはサイトを分析する入門ツールとしておすすめ。

ツールを使用する際に注意すべきこと

●PVを上げたかったら何曜日に投稿する?

ここで1つのケースを提示します。皆さんも一緒に考えてみてください。

あなたの会社は業界中堅のニュース配信社です。主要ユーザーは30代〜40代のサラリーマン。ホームーページをリニューアルして3カ月がすぎました。
ニュースは週に数回程度ランダムに更新していましたが、分析したところ、曜日ごとのPV（ページビュ―）は次のような結果であることがわかりました。
あなたはアクセスを増やしたいと考えています。この結果からどのような仮説を導き出しますか？　仮説をもとに更新スケジュールを確定しなければいけません。

日曜日：1500、月曜日：2000、火曜日：500、
水曜日：1000、木曜日：1500、金曜日：2000、
土曜日：1500
（単位：PV）

月曜日と金曜日のPVが高いので、今後のニュース更新を月曜日と金曜日に集中させようと思っていたらそれはかなり浅はかな判断

です。会社員にとって月曜日は仕事初めですから業務負荷が高く多忙になります。時間がない中でアクセスをしている可能性があります。ですから、せっかくニュースを更新してもちゃんと読んでもらえない可能性があります。

そのため、時間帯ごとのアクセス情報を見なければいけませんが、この情報では火曜日にはアクセスが低下していますので、曜日をまたいで伸びていないと判断することができます。

金曜日は休日前で高いことが考えられますが、これも月曜日と同様に仕事後のアフターイベント（飲み会、接待、遊び、デート）で多忙になることが想定できます。
そのため、月曜日と同様に時間帯のアクセス情報を見なければいけません。しかし、別部門の担当者に聞いたところ、アクセス情報を把握していないとの回答です。

●データは集めただけでは意味がない

あなたは、時間帯のアクセス情報なしに判断しなければいけません。私なら木曜日を更新日として設定するでしょう。根拠は次の通りです。
土日はお休みモード、月金も外すとなると、あとは火水木しかありません。この中で最もPVが高いのは木曜日です。なぜなら、木曜日は月曜日や金曜日ほどの業務負荷はかからないことが考えられるからです。

この仮説が正しければ、土曜日のユーザーはある程度、ニュースをきっちり読んでいると考えることができます。また、木曜日のアクセスを増やすことで金土日にもつなげることが可能だという仮説が成り立ちます。

解析ツールにより導き出される結果は数字の羅列にすぎません。それをどのように活かすかはあなた次第です。与えられた情報からシミュレーションをしなければいけません。そのためには**トライ＆エラーを繰り返しながら仮説力を高める必要があります。**ここで紹介したケースは今回の解説用に作成した架空のものですが、**数字の羅列から何を読み解くかが大切です。**

POINT

データは単なる数字にすぎない。データをどのように活用するかはあなた次第。トライ＆エラーを繰り返しながらセンスを磨こう。

各SNSに使用できる便利ツール

●アクセス解析ツールを活用しよう

SNSマーケティングを検討するにあたり、LINE、Facebook、Twitter、Instagramにどのようなアクセス解析ツールがあるのか把握しておく必要があります。代表的なツールをいくつか紹介します。

〈LINE　for Business〉

LINE公式アカウントには分析機能が備わっています。運用するうえで必要な各種数値の分析が可能で、顧客ニーズ、投稿の質、キャンペーンや、投稿の反響などを具体的に知ることができます。

さらに、メッセージのキャッチ、開封率・クリック率のデータを見ることで、投稿している文章や画像、デザインの効果測定も可能になります。

今は、ビジネス向けに特化していますがLINEは最もユーザー数が多いSNSです。動向は注視しておきましょう。

〈Facebook　インサイト〉

Facebookページの運用をチェックするのに欠かせないのが「インサイト」です。Facebookインサイトとは、Facebookページの管理者が確認できるFacebookページの分析機能です。Facebookページに対する「いいね！」の推移、投稿の反応、ユーザーの属性などを確認できます。インサイトは、Facebookが提供している無料ツールです。

また、広告をこのページに設定することもできます。広告掲出した際との比較などをすることで、効果測定が可能です。

〈Twitter　アナリティクス〉

Twitterにも公式な無料ツールが装備されています。「アナリティクス」は、Twitterのアカウントを所有していれば誰でも利用できます。

指定した期間の「トップツイート（最も反応が大きいツイート）」「ツイートと返信」「プロモーション（広告効果の検証）」「インプレッション（ユーザーがツイートを見た回数）」「エンゲージメント数（ユーザーがツイートに反応した回数）」「エンゲージメント率（エンゲージメント＝クリック＋リツイート＋返信＋フォロー＋いいねの数をインプレッションの合計で割ったもの）」を見ることができます。

〈Twitter　SocialDog（ソーシャルドッグ）〉

「SocialDog」という解析ツールを使うことで、Twitterのアナリティクスでは見られない情報やデータをCSV形式でダウンロードできます。具体的には、フォロワー獲得、ツイートをかなり詳細に分析することが可能です。

また、自動フォロー機能が（2021年10月末まで）ついていますので、事前に設定したユーザーをフォローしたり解除することも自動的にできます。

無料版もありますので使い勝手を試してみてはいかがでしょうか。個人的には最もおすすめしたいツールです。

〈Instagram　ハシュレコ〉

「ハシュレコ」は、Instagramで投稿するときにおすすめのハッシュタグを教えてくれるツールです。

たとえば、あなたが「夏のお中元」の担当だったとします。「お中元」というキーワードを入力するだけで連想されるさまざまなハッシュタグが表示されます。その中で、自分がいいと思ったハッシュタグを選ぶことができます。

〈Instagram　リポスト〉

「リポスト」は、ほかのユーザーの投稿を自分のアカウントで引用したり、シェアすることができるツールです。Twitterのリツイート機能と考えてください。

　リポストに関してはいくつかアプリがありますので自分がいいと思ったものを使えばいいでしょう。

Facebook、Twitter、Instagramの代表的なアクセス解析ツールを押さえておこう。無償の標準機能でもかなり高いレベルの分析が可能。どのSNSを重視するかで使うツールも変わる。

各SNS（LINE、Facebook、Twitter、Instagram）の特徴を理解する

●最も影響力があるSNSは？

「2018年度SNS利用動向に関する調査」（ICT総研）によると、ユーザー数は、LINE（8200万人）、Facebook（2600万人）、Twitter（4500万人）、Instagram（3300万人）という結果でした。この4つのメディアの違いを次ページの表に整理したので参考にしてください。

もし、**あなたが「バズる」ことを実現したいなら、必ず押さえておきたいのはTwitterです。**LINEはビジネス用途しかないので一般的ではありません。Facebookは閉鎖的なコミュニティです。友だちが上限の5000人いようが大した影響力もなければ拡散性もありません。Instagramにもシェア機能がないので拡散性がありません。

Twitter運用の際に「フォロワー数は必要ない」とする意見もありますが、一定数は確保しておきたいものです。影響力を実感できる最低数が2000人程度ではないかと、私自身は考えています。

POINT

まずは、Twitterでのフォロワー2000人獲得を目標にしてみよう。情報発信をしたい人にとってはTwitterは理想的なSNS。

	LINE	Facebook	Twitter	Instagram
特徴	地域、性別、年齢、興味関心を指定してターゲティングが可能。美容、ゲーム、ファッションなど多くのカテゴリーから選択できる。	ユーザーの行動、登録情報による精度の高いターゲティングが可能で、認知から獲得まであらゆる目的で配信が可能。	検索のキーワードやユーザーの興味に応じた配信が可能。RT(リツイート)による二次拡散の効果も期待できる。	トレンドを意識しながら、ユーザーの投稿にひもづいたアプローチが可能。ファッションや食品など写真映えする商品に威力を発揮する。
用途	企業規模に関係なく、商品、サービスの認知向上や集客に利用可能。LINE アプリ、提携アプリ、サイトにも掲出可能。	ビジネス用途が多い。一般ユーザーは広告を使用しない。中高年向けのアプローチには効果的。	今起きている出来事としてアプローチするには効果的。本日限定のキャンペーンや即レスが欲しい場合など。	カジュアル用途が多いが、販路開拓に使用している層も多いのでビジネスにも使用可能である。
ユーザー層	ほかのSNSと比較して全年齢トップの利用率を誇る。ユーザーの多くは広告を不快だと感じていないとする調査報告もあり日常的に配信が可能。	若年層が少なく中高年(50歳～)のユーザー層がメイン。モバイルユーザーも多い。実名登録をうたっているが本人確認はできない。	10～50代まで幅広い年齢層にアプローチ可能。ユーザーは今起きている出来事をリアルタイムで収集している。	ユーザーは、女性が多く、デイリーアクティブユーザーのうち70パーセントがストーリーズに投稿している。アクティブユーザーも多い。
ターゲッティング	会員数が最も多く広告メニューが豊富。ほかのSNSでは届けられなかったユーザーにもリーチできる。	年齢、性別、位置情報、興味、つながりなどからターゲティングを行なう。	ツイートや反応をもとに設定可能。ユーザーがそのときに抱えている悩みに応じてターゲッティングが可能。	年齢、性別、位置情報、興味、つながりなどからターゲティングを行なう。

Twitterのフォロワー数を増やす方法

●Twitterで読まれる文章を書くコツ

現在の私のTwitterフォロワー数は3万人程度です。しかし、2017年頃は数100人程度でした。2018年1月に『あなたの文章が劇的に変わる5つの方法』(三笠書房)を出版しました。

出版を見据えて半年くらい前からフォロワー数が増えるように発信数を増やしていきました。ニュースや面白いネタのRT(リツイート)はヒットすると一気に100万インプレッションを超えることもあります。しかし、一過性のものなのであまり意味がありません。Twitterの効果を高めたいなら固定ファン層を獲得しておく必要があります。

ここでやらなければいけないのは、**発信する情報の質を高める**ことです。私は文章の専門家がウリでしたので、意図的に文章関係の投稿を増やしました。

文章といっても、「読ませる文章のポイント」「文章は何文字くらいが読まれやすいのか」「ネットニュースの読み方」「フェイクニュースの見破り方」など、切り口はたくさんあります。

さらにTwitterの投稿は140文字までという制約があります。ブログなら記事にすることができますが、140文字に落とし込むとなるとかなり削ぎ落さなければいけません。140文字で何かを説明して伝えようとしてもなかなか伝わらないものです。

ここで、「読ませる文章のポイント」を140文字にまとめた実際のツイートをご覧ください。

〈読ませる文章のポイント〉

伝えたいことが多いと文章が長くなりがちです。スムーズに読ませるにはコツが必要です。それが句読点です。打ち方についてはルールはありません。しかし、打ち方で文章の読みやすさは大きく変わります。

新刊情報
https://amzn.to/〇〇〇〇〇〇

これで、135文字あります。読んでどう思いますか？
「えっ、だから何？」って思いますよね。また、ツイートに新刊情報を載せなければ購買に結びつけることができませんから、新刊情報とAmazonのURLは必須です。ここで紹介したケースはダメな事例です。

●具体的なイメージをズバっと見せる

このダメな事例が最終的にどうなったのかご覧ください。

■そうなの？

A.妻は、嬉しそうに笑う彼を見つめた
B.妻は嬉しそうに、笑う彼を見つめた

Aは、嬉しそうに笑っている彼を、妻が見つめています。
Bは、笑っている彼を、妻が嬉しそうに見つめています。
読点の位置で主体が変わるのがわかります。

新刊情報
https://amzn.to/○○○○○○

試行錯誤のうえ、これが最終形になりました。ちょうど140文字です。

だらだらと文章を書くのではなく、具体的なイメージをズバっと見せることで140文字の短文でもインパクトのある印象を残すことができました。

POINT

発信する情報はトライ＆エラーで精査していこう。見せ方を変化させるだけで受け手の印象はまったく異なる。発信する情報がつまらなければユーザーは反応しない。

発信する情報をどのように整理するか

●投稿のネタを300個仕込むことから始めた

Twitterのフォロワーを増やすために、まず前項で紹介したような140文字のネタを300個ほど作成しました。1日に4～5回ツイートすることを想定していました。300個あれば2カ月（60日）はネタ切れになりません。また、60日経過したあとでも文面の順番や組み合わせを変えれば3カ月以上は発信できます。当初から文章術の本を販促することが目的でしたが、目的に応じてネタを仕込む必要がありました。

また、多くの人は本は書店で買うものと思っているはずです。いわゆるベストセラー作家（たとえば、村上春樹や赤川次郎など）の本はどんな時期でも書店に置かれています。しかし、私が執筆しているのは実用書（ビジネス書）です。せまいジャンルの中を多くの出版社と著者がひしめき合っています。

さらに、1日に出版される新刊の点数は200～300冊ともいわれています。本がなかなか売れない時代に、売れない本を置いておくデッドスペースは書店にありません。多くの本はいったん回収されてしまったら、あとで売る術（すべ）がないのです。

●Twitterの発信のみで約3000冊を売り上げた

そこで注力したのがネットでの発信です。私のようにネットニュースに配信できれば最も効果が高いのですが、初めての方には難しいでしょう。まずはSNSの発信方法について解説します（第5章でネットニュースについても説明します）。

SNSは誰もが簡単に扱うことができるツールです。試行錯誤を繰り返した結果、最終的にTwitterに活路を見出しました。結果はどうだったのか？　300個ほど作成したネタを3カ月にわたり発信した結果、Twitterの発信のみで約3000冊を売り上げることができました。

新聞や広告に書かれている「〇〇万部突破！」という数字は発行部数です。発行部数は出版社の戦略や規模に影響されます。「大ヒット御礼！10万部」と書いてあったら「とても売れている」と思うかもしれませんが、10万部発行したものの1万部しか売れていないといった本もあります。そのため着目すべきは「実売部数」です。

そのように考えれば、実売3000冊というのがけっこうインパクトのある数字であることがおわかりいただけるでしょう。しかもTwitterの発信のみです。時間は多少かかりましたが、金銭的なコストはかかっていません。

おかげさまで、『あなたの文章が劇的に変わる5つの方法』は発売2週間で重版が決まり、ベストセラーとなりました。ここで実践した方法は、本以外の商品やサービスにも転用できると思います。次項で具体的に発信した内容を紹介します。

POINT

発信する情報が決まったらいくつかのパターンを作成しよう。ユーザーに飽きられたら反応がなくなるので最低でも数十本、可能なら数100本のネタを用意したい。

実際に発信して成功した事例

●「接続詞」「数字のマジック」「語彙力」を使いこなせ

先ほど、「140文字の文面を300個作成した」と言いました。次に紹介するのが実際の文面です。TwitterではURLは単純な半角英数字（1バイト文字）では数えません。URLをツイートすると短縮URLに置き換わるため、URLが何文字になっても11.5文字で換算されます。

■文法編[136.5文字(メイン文面123文字、書籍紹介13.5文字)]

---メイン部分---

接続詞は、2つの語句の関係を示します。
使い方で意味が変化します。

・あの店は高いが、しかし、うまい。
・あの店はうまいが、しかし、高い。

「しかし」は前を否定する意味のことです。

・あの店は安いが、しかし、不味い。

このような使い方はしません！

−−−メイン部分−−−
−−−書籍紹介部分−−−
新刊
https://amzn.to/〇〇〇〇〇〇
−−−書籍紹介部分−−−

■数字のトリック編[139.5文字(メイン文面126文字、書籍紹介13.5文字)]
−−−メイン部分−−−
数字のトリックがあります。
錯誤を誘いやすいのです。

次の数値はほぼ同じですが印象は異なります。
・タウリン1000ミリグラム
・タウリン1グラム
・牡蠣3個分のタウリン
・雨水1滴分のタウリン

栄養ドリンクの表示で1000ミリグラムが使用される理由がわかります。
−−−メイン部分−−−
−−−書籍紹介部分−−−
新刊
https://amzn.to/〇〇〇〇〇〇
−−−書籍紹介部分−−−

■語彙力編[136.5文字(メイン文面123文字、書籍紹介13.5文字)]

---メイン部分---

上司：社長命令で土日返上、吝かではないか

部下：やむを得ません

「吝かでない」は「やむを得ない」の意味に使われがち。

正解はその物事に対して不満はないこと。

進んでやる、喜んですることの意味もあります。

この文脈だと土日返上で嬉しいになります。

---メイン部分---

---書籍紹介部分---

新刊

https://amzn.to/〇〇〇〇〇〇

---書籍紹介部分---

■語彙力編[136.5文字(メイン文面123文字、書籍紹介13.5文字)]

---メイン部分---

A氏：咳が止まらないんだ

B氏：お体に「ご自愛」下さい

「ご自愛」とは体を大切にすること。

「お体」を続けると「重ね言葉」になります。

「ご自愛下さい」で十分。「お体を大切に」のほうが無難です。

ご慈愛は間違い。

「愛情を下さい」という意味です。

---メイン部分---

---書籍紹介部分---

新刊

https://amzn.to/○○○○○○

---書籍紹介部分---

「文法編」は文章でよくありがちな間違った言葉の使い方をひと目でわかるように構成しました。ここでは接続詞がテーマになっていますが、「主語と述語の関係」「副詞の使い方」などバリエーションを増やしました。

「数字のトリック編」は世の中にある数字のマジックを紹介しました。ここではタウリン1000ミリグラムのネタを紹介していますが、「東京ドーム○個分をなぜ使用するか」「レタス10個の食物繊維はどのくらいか」など、誰もが疑問に感じている数字のマジックを紹介しました。

「語彙力編」は間違った解釈をしている語彙をピックアップして「上司、部下」、「A氏、B氏」の会話調にしました。「煮詰まる」「役不足」「おざなり&なおざり」など、200個近いネタを仕込み、語彙力編のネタが全体の3分の2を占めました。

POINT

140文字とはいえ手を抜いてはいけない。文字数が決まっているからこそ、より内容を洗練させなくてはならない。特にレイアウト（見せ方）は大切。

効果的な発信時刻を設定する

●関心の高いユーザーは何時に アクセスしているのか?

次に発信時間を設定しなければなりません。効果を最大限引き出すために綿密に時間をはじき出すのです。私の場合、先ほど紹介したSocialDogのTwitterのエンゲージメントのグラフを利用しました。エンゲージメントとしてカウントされるアクションは、「クリック」「リツイート」「返信」「フォロー」「いいね」の5種類です。**このデータを見ることで、関心の高いユーザーが何時にアクセスしてきているかを把握することができます。**

Twitterのデータを踏まえて、発信時刻を、8時、11時半、15時、18時、21時に設定しました。土日祝日は、全体的に30分〜1時間程度、後ろ倒しにしました。この章の最初にも書きましたが、データというのは単なる数字にすぎません。このデータからどのような仮説を立てられるかが重要です。そして次のような仮説をイメージしました。

8時の仮説：（通勤途中のユーザーを狙う）

早起き、朝散歩が推奨されているが、一般の会社員は起床して急いで準備をして始業ギリギリに出社するはずだ。起床後〜出社までの時間、通勤途中のユーザーにリーチ可能ではないか。

11時半の仮説：（お昼休み直前のユーザーを狙う）

12時以降のお昼休みにアクセスが増えることはわかるが、この時間帯に配信するニュースなどほかの情報も多い。とすると、30分前倒しすれば早めにリーチ可能ではないか。

15時の仮説：（休憩中のユーザーを狙う）

仕事の息抜きをしたくなる時間。トイレ・喫煙などの休憩中のユーザーにリーチ可能ではないか。

18時の仮説：（帰宅中のユーザーを狙う）

終業の時間。帰宅途中やアフター活動（飲み会、会合）に移動中のユーザーにリーチ可能ではないか。

21時の仮説：（就寝前のユーザーを狙う）

そろそろ次の日の準備をする時間。就寝前のユーザーにリーチ可能ではないか。

ほかにも、仮説を深読みをすることができますが、まずは結果から何が見えてくるか検証するクセをつけてみましょう。また、検証するのであれば、発信のパターンを同じにしたほうが有益なデータを取得できます。同じ条件下の発信でも結果は異なります。**異なった結果の要因を突き詰めていくのが「仮説力」です。**

POINT

情報はやみくもに発信しても効果はない。まずは、得られた情報を分析して自分がターゲットとしている人たちにとって適切な時間を決定しよう。

発信によって得られた結果は？

●「バズって」フォロワーが一気に増えた投稿

発信して1週間程度経過してから効果が現れました。それまでは、フォロワーも数100レベルでしたから反応は少なかったのですが、あるツイートの「いいね」が150を超えました。次のようなネタです。

■語彙力編［135.5文字（メイン文面124文字、書籍紹介11.5文字）］
---メイン部分---
江戸時代に爪切りが誕生。
庶民は小刀を使用。
夜に小刀を使用すると
・ケガの危険性
・ケガから破傷風にかかる危険性
当時、破傷風は死に至る病気。

破傷風に罹患→親の死に目に会えない。
という理由から夜に切ってはいけないとされた。
---メイン部分---
---書籍紹介部分---
新刊
https://amzn.to/○○○○○○
---書籍紹介部分---

この日だけでフォロワーが一気に50人増えました。10日後にはフォロワーが1000人を超えました。3カ月後には5000人を超えました。明らかに効果が変わってきたのはフォロワー2000人を超えてからです。

2000人を超えてからはフォロワー数が1日100名くらいずつ増えていきました。フォロワーが数十万人いる著名なインフルエンサーが「僕はTwitterのフォロワーが1日100人増えていく」と自慢気に言っていたのを思い出しました。当時の私のフォロワーの増え方はそれと同じくらいだったのです。

また、同時にTwitter経由で本が1日あたり数10冊売れるようになりました。

大手の書店でも一店舗で数10冊売れたらデイリーでランキング10位に入ります。それが、Twitterでは一気に数十冊が売れてしまうのです。これには驚きました。さらに、ネットニュースに書籍を紹介したことで相乗効果はさらに高まりました。

●「情報発信」「ファン獲得」が目的なら Twitterが最適

今は書店で本が売りにくい時代です。書店に置かれた本が回収されたらなす術がありません。しかし、私の場合は、ネットでの発信力を高めたことによって書店で売れなくてもネットで売るというパターンを構築できました。結果的にネット力は出版社にアピールする好材料にもなりました。

使用するSNSはその人の目的によって効果がさまざまです。一概に、どのSNSがいいかは言えず、何を基準に判断すべきか難しいところです。

しかし、私の場合「情報発信をしたい」「ファン層を獲得して本を売りたい」と目的が明確だったので、Twitter以外のSNSはほとんど価値がありませんでした。

ファン層を獲得するには、目的（私の場合は出版）に合わせた情報（私の場合は文章に関するネタ）を発信することです。この章では私の事例を中心に、ユーザーに何を伝えていくかについて解説しました。

POINT

最終的にどのSNSを使うかはあなた次第。目的に応じてベストなチョイスをしよう。すぐに効果を実感できるのがSNSマーケティングの面白さ。

第2章

ファンをさらに増やすために必要なこと

「バズりたい」あなたには Twitterがおすすめ

●まずはプロフィールをきちんと作り込む

SNSは情報発信の手段です。あなたの目的（たとえば、メルマガ、コミュニティで盛り上がりたいのか、記事を読ませたいのか、購買に結びつけたいのか、自己満足なのか）によって使用するツールは異なります。すでに、前章の04で各SNSの特徴については説明しました（22ページ）。

私が「バズりたい」あなたにおすすめしたいのはTwitterです。もともと、匿名性が高く、若者に人気があり、ユーザー同士がつながりやすいなどの特徴がありますが、ほかのSNSにはない拡散性の強さが魅力です。

最初にすべきことはプロフィールの作成です。あなたが何者かプロフィールで説明してキャラクターを確立する必要性があります。

コラムニスト 尾藤克之@頭がいい人の読書術(すばる舎)発売
@k_bito フォローされています
コラムニスト、著述家、明治大学客員研究員／議員秘書、コンサルファーム、IT系上場企業などの役員を経て現職。現在、アスカ王国という障害者支援団体を運営。複数のニュースサイトに投稿。著書16作品。近著は「頭がいい人の読書術」(すばる舎)。詳細はWikipedia等を参照下さい 。w.wiki/at5

これは私のプロフィールです。自分の新刊のタイトルを記載し、プロフィールには自らの肩書を記します。もっと詳しく知りたい人のためにWikipediaのページをリンクさせています（https://w.wiki/at5)。Wikipediaの情報はすべてが最新で正しいとは限りませんが、それなりに信頼性が高い情報だといえるでしょう。客観性があり一定の信頼性は担保されていることから載せるようにしています。実際に、「Wikipediaを拝見しました」という連絡も多いのです。著名人のプロフィールなどを参考にしながら、作成の際には自分が何者かを明確にしましょう。

●フォロワーが2000人を超えると世界が変わる

なお、前章で「フォロワー数2000人を目標にする」と言いましたが、理由について解説します。

facenaviの「日本人ツイッターユーザー調査　2016年版」によれば、Twitterフォロワー数の平均値は426人とされています。2000人以上のフォロワー数を抱えているアカウントは全体の10パーセント未満です。さらに、10000人以上のフォロワーを持つアカウントは全体の2パーセントほどしかありません。

私のフォロワー数は現在3万人ほどですが、実際に運用に幅が出てきたのは2000人を超えてからでした。**フォロワー数が2000人を超えると拡散力が高まりツイートに対する反応の数が多くなることが実感できます。**Twitter社がレポートを公開しているわけではありませんが、フォロワー数2000人を1つの目標にすることは間違っていないように思います。

POINT

Twitterを使用するならフォロワー数2000人を目標にしたい。仮説の域ではあるが2000人を超えると拡散力が高まりツイートに対する反応の数が増えることが実感できる。

フォロワーを増やすために何をすべきか？

●フォロワー2000人以上の3つのメリット

ここでは、フォロワーが2000人以上いることのメリットを説明します。メリットは大きく3つあります。

①タイムラインでの露出が増える

フォロワーが多いほど、ツイートの露出が増加します。フォローすることでフォローしたアカウントのツイートが表示されます。フォロワー数が多いほど、多くのユーザーのタイムラインに表示される回数が多くなります。

②アカウントの影響力が増す

フォロワー数の多いアカウントのほうが影響力が強くなります。

たとえば、フォロワー数10人のアカウントと2000人のアカウントを比較した場合、どちらの情報がより多くの人から信頼されるでしょうか？

フォロワー数が多いことで信頼性も担保されると判断してもいいでしょう。

③フォロワーが増えやすくなる

Twitterはフォロワー数が多いと追加のフォロワーを獲得しやすくなるという特徴があります。ツイートの露出が増えれば、より多くのユーザーに拡散する可能性が高まります。

前の項でも説明したように、発信するコンテンツの質を高めることが大切です。

Twitterのフォロワー数を増やすには「著名人をフォローする」とか、「フォロー／アンフォローを繰り返す」などいくつかの方法がありますが、あまりおすすめはしません。あなたが増やさなければいけないのは、質の高いフォロワーだからです。

結果的に地道に発信しながらフォロワーを増やしていく以外にありません。しかし、フォロワー数が2000人を超えるとほかの人のフォロワーからのフォローが自動的に増えてきます。あなたがすべきことは、内容を踏まえたうえでの配信時間の設定とハッシュタグ（#）を付けるくらいです。

●画像をフォロワー獲得の武器にする

ハッシュタグの使い方はネットにいくらでも紹介されているので、ここでは詳しい説明は省きますが、ハッシュタグの数があまりに多いとスパムと判断されることがあるので付けずに投稿しても特に問題ありません。

私の場合は、全体の文字数のバランスで考えていました。次のページに掲載した2つの画像は雑誌に掲載された際のものですが、著作権に違反しないように引用しながら画像を使用すると効果的です。

コラムニスト 尾... ・2020年12月27日

■お知らせ

『THE21』2021年2月号（1/9発売）
総力特集第1部に取材記事が掲載。
amzn.to/2JjNv2W

『THE21』公式サイトはこちら
shuchi.php.co.jp/the21/

私は知識に定着する読書法について解説しました。
「頭がいい人の読書術」すばる舎
amzn.to/3rvAViA

#THE21
#PHP
#経済誌

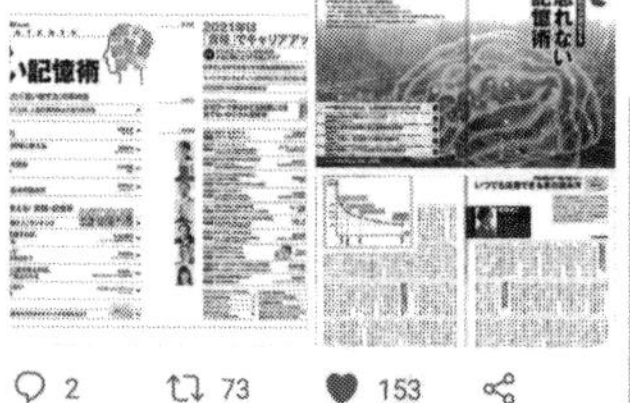

2　73　153

コラムニスト 尾藤克之@頭... ・1月4日

本日発売の、AERA (朝日新聞) 2021年1/11 増大号の70ページに取材記事が掲載されています。
500文字程度のボリュームですが比較的紙面をとっていただけたかなと。
増刊号らしく全体的に濃い内容です。

AERA 2021年 1/11 増大号
amzn.to/38V5gi2

#AERA
#アエラ
#朝日新聞
#マイナビ新書

1　19　68

画像はツイートの内容に適応したものが理想的です。

たとえば、「破天荒」をテーマにするなら「酒瓶を片手に持った男性が写っている画像」、「理不尽」をテーマにするなら「上司の責任を負わされて悔しい表情の会社員」、「接待」をテーマにするなら「銀座の街並み」などがイメージしやすいと思います。

私がコンテンツ以外で最も注力したのは画像のチョイスでした。無料でも質の高い画像を入手できるサイトがいくつかあるので次の項で紹介します。

POINT

フォロワーが増えることのメリットを理解しよう。フォロワーが増えると露出が増えてアカウントの影響力が増してくる。多くなればフォロワーが自動的に増える。

投稿画像をおろそかにしてはいけない

●画像はどこで手に入れればよいのか？

ここでは、数ある画像サイトの中で初心者でも使用しやすいサイトを紹介します（次ページ表）。

配布されている画像のサイズは、各社とも変更が多いので最新情報を確認するようにしてください。

まず、著作権に抵触しないロイヤリティフリーの写真素材を選ぶのが無難です。各サイトで画像ライセンスや使用条件などが異なりますから確認しておきましょう。利用規約や写真の条項（たとえば「商用では使用できない」「画像の加工はNG」など）のルールがあるためです。

「写真AC」「ぱくたそ」の2つに登録していれば困ることはないでしょう。しかし、多くの人が登録しているので目新しさには欠けるかもしれません。ほかの人と同じ画像を使いたくない、画像で差別化したいという人は、「Pixabay」「Unsplash」の２つで探すといいでしょう。

素材の数が多いので「たっぷり素材PIXTA」もおすすめです。定価7万9800円と高額ですが、セールのときには1万円程度（9割引近く）になります。筆者は先ほどのサイトと、こちらの「たっぷり素材PIXTA」を併用しています。

◎	写真AC https://www.photo-ac.com	まず確実に押さえておきたい。人物写真が多く、ビジネス、一般、職業別に使いやすい構図がそろっている。登録しているクリエイターの数も豊富。
◎	ぱくたそ https://www.pakutaso.com	人物や風景、料理など、細かくジャンル分けがされており検索が簡単。行事や時事ネタに関する素材もあり、バリエーションが豊富。
○	Pixabay https://pixabay.com/ja	海外のサイト。表記は日本語なので利用は簡単。高解像度のクオリティの高い写真が豊富。
○	Unsplash https://unsplash.com/	英文表記。英語に自信のある方におすすめ。COLLECTIONSから写真を選択できる。
◎	たっぷり素材PIXTA https://www.sourcenext.com/product/pixta	ライフスタイル、ビジネス、自然風景、など全10万点の画像やイラストが収録されている。広告・販売促進資料などの制作物中のデザイン素材として使用可能。

POINT

画像付き投稿は発信の基本。著作権トラブルを回避するためにもロイヤリティフリーの写真素材を使用すること。画像サイズは各SNSの最新情報を確認しておきたい。

フォロワーを増やす目的を明確化する

●初めに目的とターゲットを明確にしよう

これまでも、フォロワーが増えると信頼性が増すことを説明しました。「フォロワーを増やすことでアクセス数を上げたい」「同じ趣味の人（たとえば、読書、映画鑑賞、散歩など）と交流したい」など、増やすことの目的を明確化することが必要だということは説明しました。**目的が明確化すればターゲットも明確化して、どのような情報を発信していくのか決めることができます。**

Twitterに限らず読者は有益な情報を求めています。有益な情報を発信すれば自ずとユーザーは増えていくはずです。ここでは、フォロワー2000人を獲得するためのポイントについて解説します。まずは「PDCA（※）」を作成しましょう。

※Plan（計画）→Do（実行）→Check（評価）→Action（改善）のサイクルを繰り返し実行し、継続的な改善をはかること。

Plan

どのような情報を誰に発信していくのか明確化します。また、発信する情報の仕込み作業なども含まれます。さらに、回数や時刻なども策定します。

Do

実際の発信作業を指します。発信の回数や時間帯などは「Plan」

で策定したものを実行しなければなりません。

Check
計画通りに発信できているか確認します。

Action
実施が計画通りに行なわれているか確認します。あわせて効果を検証します。

●私が実際にやったフォロワー獲得戦略

私は次のようにPDCAを策定しました。

Plan
語彙力や文章力アップなどのお役立ち情報を300個作成。発信時刻を、8時、11時半、15時、18時、21時の1日5回としました。

Do
日曜日に月〜日曜日までの予約作業（5回×7日＝35本）をセットし、予約配信ができるツール（SocialDog）を使用しました。

Check
予定通りに発信できているか確認しました。

Action
明らかに効果が低い時間帯があれば修正する。また、反応がよかった内容や時間帯があればその理由を検証。
私の場合は、土日祝日の配信を30分〜1時間遅らせたり、300本のネタの中でアクセスが悪いものを差し替えるなどして内容の精査に努めました。

私が使用した、SocialDogには「フォロワー分析機能」や「ツイート分析機能」が装備されています。フォロワーの属性、ツイートのインプレッションやエンゲージメントなど、分析に必要な数値を日単位で確認できます。分析に必要なデータをもとに対応を考えることが可能です。

POINT

フォロワーを増やすには戦略が必要。フォロワーを増やす目的を明確化しよう。PDCAを回すことでより明確化できるはず。

プロフィールが適切か確認する

●プロフィールを作成する際は「信頼感」を重視する

SNSにおいてユーザーは、発信情報（記事やツイート）を見たあとに発信者のプロフィールページに飛び、そのうえでフォローするかどうか判断します。そのためプロフィールにはわかりやすさが求められます。**プロフィールに情報をてんこ盛りにする人がいますがおすすめできません。**また、長文もイヤがられます。

たとえば、Facebookの場合、個人アカウントのプロフィールは101文字、Instagramは全角、半角関係なく150文字、Twitterの場合は160文字です。使用するSNSの文字数を目安に作成してみましょう。作成にはいくつかのポイントがあります。

①事実を端的に記載する

ときおりプロフィールをよく見せようと"実績以上に盛る"人がいますが、おすすめしません。客観性がない情報は載せるべきではありません。たとえば、「これまでカウンセラーとして10万人にアドバイスした」「1000社以上の経営指導をした」などの情報を載せていても、検証ができない限り無意味です。

●記事において最も大切な「客観性」について

少々、話が脱線しますが、私がネットに書籍の紹介記事を投稿する際に、このような検証可能性ができない情報を載せてくれと依頼してくる著者の方がいます。そのような場合には客観的な情報を提供するように伝えます（有益な2次情報。新聞やメディアに取り上げられたなど）。しかし、ほとんどの方から追加情報は届きません。このような情報を載せても信頼されませんので、載せる必要性はありません。同様に、プロフィールに感情やニュアンスは不要です。それよりも客観性を持たせなければいけません。

②小学生でも理解できること

書き方の基本は体言止めで「だ・である調」になります。また、専門用語や難しい言葉は使わずに小学生でも理解できるように平易な言葉にする必要があります。読んでもらうためにわかりやすい文章にすることを心がけましょう。

③形容詞、形容動詞、接続詞を使わない

形容詞とは「素晴らしい、きれい、楽しい」、形容動詞は「大勢の、静かだ、キレイだ」、接続詞は「だから、したがって、よって」などの言葉です。プロフィールに、「お客さまから素晴らしいと絶賛されています」「大勢の方から支持されています」と書かれていても、「だから何？」って思いますよね。極めて主観的で読む人によって理解に差が出てしまうので使うべきではありません。客観的な情報に置き換える必要があるのです。

「お客さまから素晴らしいと絶賛されていました」
→昨年行なった研修の満足度は5点満点中4.5点である
（公的情報があればなおベター）

「大勢の方から支持されています」
→1年間で1000名の方のキャリアアドバイスを行ない、
うち300名が転職に成功した。

このように修正したらスッキリすると思いませんか。

④常にブラッシュアップを心がける

プロフィールは伝えたい相手や内容によって変化させるものです。また、時間がたつことで実績などが増える可能性もあります。そのため、**「プロフィールに完成はない」**と考えてください。**プロフィールは常に最新のものに更新しておくようにしましょう。**

ユーザーにとって発信者のプロフィールは重要。事実を簡潔にまとめたプロフィールを用意したい。検証できない情報は載せるべきではない。

読者に好まれる情報とイヤがられる情報

●絶対に押さえておきたい「誰に何を伝えるのか?」

読者に好まれる情報とイヤがられる情報があります。好まれる情報は読者にとってメリットがあり、役立つ情報です。これはユーザー属性でかなり細分化されてくるので、まずは**「誰に対してどのような情報を提供するのか」「ユーザーにその情報を提供することでどのようなメリットがあるのか」を考えてみましょう。**

たとえば、あなたが就活生の場合、どんなに素晴らしい主婦向けのお役立ち情報を提供されても情報のよさは理解できないと思います。あるいは、会社のパワハラが原因で休職している人に対して、有名経営者の格言や働く意義を説いてもピンと来ないでしょう。

また、イヤがられる情報もあります。それは、ターゲットの属性に関係なく嫌悪感を与える情報のことです。ほぼパターンが決まっていますので押さえておきましょう。

●嫌悪感を与える情報の例

〈今日のご飯〉

単なる自己満足の投稿は不快感を与えるだけです。

たとえば「今日のご飯」の画像。あなたが芸能人ならわからなくもありませんが、一般人の「今日のご飯」の投稿はよほどのメリットがない限りユーザーが知りたい情報ではありません。

「この店は通常予約に数カ月待ちだが今なら予約ができる」とか、「通常1万円のコースが来月10日まで50パーセントオフ」などの情報が載っていればメリットがあるといえますが、多くの場合、単にご飯の画像を投稿するだけです。

〈自撮りでセレブを演出〉

私は自撮り写真を推奨しません。芸能人ならわからなくもありませんが、一般人の「自撮り」は「芸能人にでもなったつもりか」と不快感を感じる人が少なくないからです。この感覚がわからない人は、メリットとデメリットで考えるとわかりやすいと思います。

たとえば、国会議員などの要人が自撮り画像を自慢気にアップしていたらどう思いますか？　軽薄さを露呈しているようなものなのでメリットは皆無でしょう。また、このような自撮りをする人は画像加工がハンパではなく、それだけで滑稽です。

〈他者への誹謗中傷〉

建設的な批判なら問題ありませんが、批判がエスカレートすると応酬に変わることがあります。こうなると建設的どころか誹謗中傷の嵐になります。筆者はニュースサイトに投稿しているので公開の場で議論になることがあります。公開の場ですから、理路整然と対応するのですが、ときには論破する場合があります。そのとたんに、匿名サイトにスレッドが立ち、誹謗中傷の嵐になります。相手が大学教授や著名人の場合は要注意です。やむを得ない場合もありますが、他者への誹謗中傷はリスクが大きいので控えるべきでしょう。

POINT

発信する情報より、発信してはいけない情報を理解しよう。誰もがしている投稿でも相手によっては不快感を感じる。不快感を与えるならむしろ投稿は控えるべき。

Twitter運用の際に気をつけたい5つのこと

●Twitterの仕組みを理解しよう

私がTwitterをメインに運用してきたことや、ツイートの内容が重要であるということはすでにお話ししました、しかし、一般の方がツイートに差別化をすることは簡単ではないでしょう。運用面でのポイントも押さえなくてはいけません。これは実際にフォロワーを増やした際の方法なので試してみてください。

最初にTwitterの仕組みについて理解しましょう。運用する際に気をつけなければいけないのが「凍結」（YouTubeではBANともいいます）です。これはTwitterに限ったことではなく、各SNSはふさわしくないユーザーを凍結する権利を有しています。

フォロワーを増やしたいと思っている方は、凍結される原因を理解しなければいけません。Twitterのヘルプデスクには次のように書かれています。おおまかに5つ挙げてみます。

①ほかのユーザーを過剰にフォローをしてはいけない
②大量ユーザーのフォローとアンフォローを繰り返してはいけない
③フォローが2000人に達したら、フォローできる数は自分のフォロワーの1.1倍まで
④フォロー、アンフォロー、更新数などといった行動は運営者に監視されている
⑤Twitterはフォロワー獲得の場ではない

ほかにもいろいろな条件があると思いますが、①〜⑤を守らないと凍結される可能性が高くなります。また、IPアドレスをチェックしていますので、複数アカウントを作成することも違反行為に当てはまるはずです。

アカウントが凍結されても1回目は携帯電話番号の入力またはメールアドレスを入力することで解除できます。2回目以降はTwitterの指示する手順に従う必要があります。異議申し立てをすることによって、アカウントを凍結解除できる場合もあります。しかし、永久凍結された場合は二度と凍結を解除できません。

私は凍結に注意しながら、いくつかの仮説を立てながら実験をしてみました。私の場合、PCを5台使用して、ネット環境も変えながら使用しました。そこでわかったことがいくつかあります。

①URLが含まれているツイートしかチェックしない。URLが含まれるツイートの間隔はチェックしている（連続投稿をすると規制がかかりやすい）

②新規アカウント、フォロワー1000人未満のアカウントに規制が入りやすい。IPアドレスはチェックしている

③フォロワー2000人を超えると規制がゆるやかになってくる

④Twitterポリシーに反する投稿は規制がかかる（暴言や脅迫、差別的言動、ヘイト行為、ヘイト表現を伴う画像や表示）。

Twitterを運用するにあたりルールを確実に覚えておきたい。Twitterポリシーに反すると規制がかかり凍結される。永久凍結された場合は二度と凍結を解除できない。

Twitterを実際に運用してわかったこと

●Twitterのアカウント運用ルールを知っておこう

前項の私の実験結果①〜⑤について、もう少し詳しく見ていきましょう。

①URLが含まれているツイートしかチェックしない

URLなしのツイートは連続投稿でも規制はかかりませんでした。URL付きのツイートは連続投稿すると規制がかかります。この場合の規制とは「一定時間ツイートができなくなる」というものです。おおむね24時間で解除されますが、1週間近く解除されないこともありました。規制はTwitterからの警告なので、無視することはできません。

②新規アカウント、フォロワー1000人未満のアカウントに規制が入りやすい

一定のフォロワー数、相応の作成日数が経過している場合、チェックがゆるくなります。一方で、新規アカウント、フォロワー1000人未満のアカウントについては厳しいチェックが入ります。同一IPで複数のアカウントを作成する場合、4つ目から即凍結されます。つまり、同一IPにおける複数アカウント所持は3つまでは可能だということです。

③フォロワー2000人を超えると規制がゆるやかになってくる

フォロワーが2000人に満たない場合、数10名のフォロー＆アンフォ

ローを行なうだけで規制がかかります。連続投稿にも規制がかかります。ところが、2000人を超えるとこの基準がゆるくなるように感じられます。これが、本書で2000人を目指そうとしている根拠です。

実際、1800人のフォロワーがいた時点では50人をフォローしたところで規制がかかりましたが、2000人を超えてからは100人フォローしても規制がかかりませんでした。

④Twitterポリシーに反する投稿は規制がかかる

最近、一番厳しいのがこの部分ではないかと思われます。Twitterのポリシーには次のように書かれています。

「人種、民族、出身地、社会的地位、性的指向、性別、性同一性、信仰している宗教、年齢、障碍、深刻な疾患を理由とした他者への暴力行為、直接的な攻撃行為、脅迫行為を助長する投稿を禁じます。また、このような属性を理由とした他者への攻撃を扇動することを主な目的として、アカウントを利用することも禁じます」。

実際に、非難の応酬になって凍結された人、発信内容が脅迫と捉えられて凍結された人が、著名人も含めてかなりいます。米国のトランプ元大統領の個人アカウントが「暴力行為をさらに扇動する恐れがある」との理由から永久凍結されたことは記憶に新しいでしょう。また、「殺すぞ！」などの発言は冗談であっても、一発で凍結になりますので注意が必要です。各SNSにはルールが存在します。ルールを事前にチェックしておきましょう。

POINT

Twitterを運用するにあたりルールを確実に覚えておきたい。Twitterポリシーに反すると規制がかかり凍結される。永久凍結された場合は二度と凍結を解除できない。

最も影響力が低いSNSはFacebook

●友達が何人いてもまったく役に立たない

多くの専門誌やサイトを見ると、SNSのフォロワーはなかなか増えないことが書かれています。そのため、自分の発信ばかりでなく、他人の情報をシェアしたり共有したり、RT（リツイート）したり、交流することが大切だと書かれています。確かにそれも一理ありますが、自らが積極的に他者に絡んでいく必要はないと思われます。

少なくとも、私の場合、ムダなフォロワーを増やすつもりはなかったので他者との交流は控えました。一方で、私が発信した情報に興味を持ってくれた人には積極的に交流をするようにしました。業界の著名人や影響力のある人をフォローしたり絡むこともしませんでした。しょせんは相手の情報ですから。

Facebookを始めて数カ月がすぎて、フォロワーが増えてくると、Facebookのコミュニティがいかに閉鎖的で影響力がないかもわかってきました。利用平均者がSNSの中で最も高齢化している理由がよくわかります。数年前に「Facebookおじさん」が話題になりました。ひと言で解説すると、自己承認欲求の強いおじさんのことです。特徴があるといわれていますが、いくつか紹介します。

- **自撮りや筋トレの写真などを投稿**
- **自分語りをする**
- **文章が長い**
- **Facebookのテキストに背景色をつける**

・無差別タグ付けおじさん
・意味なくマウンティングしてくる

20代、30代の若者からFacebookは「自己承認欲求の強いおじさんの集まり」と思われています。おじさんであることを受け入れられず、「心はまだまだ20代」みたいな人は少なくありませんが、若者から見て「痛いおじさん」が多いことは事実。流行についていこうと必死ですが、イマイチ外しています。まずは、自分を客観視することが大切です。

●影響力を高めたいならTwitterを選ぼう

私のFacebookには多いときで5000人の友達がいました。その8割以上が面識のない人です。「読者です」と言われると友達申請を承認せざるを得ないのですが、それでも削除をして4000人くらいまで減りました。今後は面識のない人を減らして数100人に絞り込むつもりです。Facebookは閉鎖的なコミュニティなので知り合いに限定した小さいコミュニティに特化したほうが使い勝手がいいのです。

SNSの使い方は人それぞれです。なんらかの決まりごとがあるわけでもありません。しかし、**個人が自由に発信することができるツールだからこそ、精査したほうがいいと思います。**Facebookにはまったく影響力がありません。影響力を高めたいならTwitterです。一気に数万〜数10万人に見られるSNSはTwitter以外にはありません。

POINT

まずは、現状を客観視すべきである。Facebookにはまったく拡散性がない。もし影響力（拡散性）を高めたいならTwitter以外には考えられない。

Twitterの次に押さえたいのがLINE

●情報出現率が圧倒的に高いLINE

国内の通信インフラとなったLINEは、2011年6月23日にサービスを開始して以降、ネット回線を利用したトークや無料通話機能をベースに普及してきました。

人口の半数以上にあたる8400万人が利用し、アクティブ率においても圧倒的優位を誇っています（2020年3月時点）。スマホを利用する人のほとんどがLINEを使っており、コミュニティツールとしても定着しているのです。

さらに、LINEの情報出現率はほかのSNSを圧倒します。

Facebook、Twitterはフォロワーでもすべての情報をチェックすることは構造上不可能です。Facebookはエッジランク（フェイスブックのアルゴリズム）により情報が間引かれ、ファンのニュースフィードへのリーチ率は16パーセント程度といわれています（出典：Facebookマーケティング・カンファレンス）。

Twitterは、時系列ですべて表示されるものの、気がつかないとあっという間に情報が流れて行ってしまいます。フォロワーになると「お気に入りツイート」「人気のツイート」「関連性の高いツイート」などが自動的に追加されますが、そうでない限り発信した情報は見逃されるリスクをはらんでいます。

LINEはすべてのメッセージが表示されます。Twitterのように拡散性はありませんが、圧倒的な数のユーザーに対してリアルタイムに発信することができます。

●メルマガよりもLINEが有利な理由

これまでコミュニティに対する情報発信手段はメルマガが主流でした。メルマガのメリットはコミュニケーションの手段として定着している点です。メルマガは、テキストメールやHTMLメールなどカスタマイズすることが可能です。

現在主流のHTMLメールはビジュアルが豊富であり、スマホで読む分にはストレスを感じません。しかし、メルマガの多くは、捨てアドレス（メルマガ専用のフリーアドレス）による登録が多く、適切に情報が届いているかという点では疑問視せざるを得ませんでした。

LINEは、メルマガに比べて幅広い年代のユーザーが利用していることから多くのユーザーに情報を届けることができます。

さらに、注目すべきはLINEの開封率の高さです。LINEの開封率はメルマガ開封率の数倍ともいわれています。LINEはスマホに特化しているのでタップ1つで通話をしたりメールを送ったり、Webサイトに誘導することが容易になりました。

しかし、LINEはすぐにブロックが可能であることから、「必要ない」と思われればブロックされてしまいます。現状はビジネス向けであることを考慮すべきですが、あなたがビジネス用に使うなら検討すべきSNSであるといえます。LINEを効果的に活用できるかシミュレーションしましょう。

※2021年3月、LINEでやりとりされている個人情報が中国企業からアクセス可能だったことが明らかになりました。トーク上の画像や動画などを韓国企業のデータセンターで保管していたことか

ら個人情報保護に問題があると指摘されたものです。日本政府は敏感に反応し、各省庁での運用を控えるように通達し、職員に対しても業務上の情報を取り扱わないよう求めました。LINEは優位性の高いSNSであることは間違いありませんが、この問題がどのように決着するか注視する必要があります。

POINT

ユーザー数を考えれば、LINEは無視できない。現状ではビジネス用途に限定されるが、検討しているならLINEを効果的に活用できるかシミュレーションすべき。

第3章

読ませることの本質を理解しているか

「伝わる」ために5W1Hは不要

●考えすぎて筆が止まってしまう理由

文章を書くことが苦手な人は「考えすぎて筆が止まってしまう」人が多いように感じます。**「考えすぎて筆が止まってしまう」ということは、「何を書けばいいのかがわかっていない」のです。「自分が何を伝えたいか」がハッキリしていない人に起こる現象です。**

今日、彼女とドライブをしたあなたは次のような日記を書こうとしています。

> 今日、彼女とドライブをしました。

これだけでは文章とはいえません。ドライブに付随する感情や風景を加味することで初めて文章には奥行きが出てきます。

「文章を書くときには、5W1Hを押さえるように」と、多くの文章術の本では言われています。When（いつ）、Where（どこで）、Who（だれが）、What（何を）、Why（なぜ）、How（どのように）を押さえて書くというものですが、**5W1Hを意識しすぎるとかえって書きづらくなります。**

まったく役立たないというのではありません。ビジネスの商談用の文書や報告書を作成したり、共通認識を持つためには役立ちます。しかし、本書でお伝えしたい「バズる文章」「コラム記事」に、5W1Hを反映しすぎたら、具体的すぎてまず読まれません。上司への報告は、5W1Hでいいと思いますが、日常会話で5W1Hで話している人などいません。

〈例〉彼女と何をしていたの？
朝7時に起床して、お昼の12時（When）に彼女の家に車で迎えに行って（Where）、山下公園まで2人（Who）でドライブ（What）デート（Why）をしました。公園でホットドッグを食べて、散歩しました。21時には家まで送りました（How）。

5W1Hをすべて使用して文章を作成するとこのようになりますが、まったくしみじみきません。不明点やモレはなくなりますが、うっとうしい文章になります。

●まずは「気持ち」をこめることを心がけよう

ほかのケースを考えてみます。次の文章も5W1Hを意識したものですが、どのように感じますか？

〈例〉京都への旅行
東京10時発の新幹線に乗って、京都へ12時に着いた。昼食を食べて、金閣寺に行って、時間が余ったので銀閣寺まで足をのばした。17時の新幹線で東京に向かった。

報告書に書くならいいと思いますが、フレンドリーな感じがまったくしません。5W1Hでは単なる事象の報告にしかならないのです。では、次の文を読んでみて下さい。

〈例〉京都への旅行
10時出発の新幹線だったので早起きしなければならなかったけれど、久々の旅行で前日からワクワクして目がさえてしまいなかなか眠れませんでした。京都は金閣寺に行って、青空と黄金の舎利殿を見ながら散歩しました。すごくきれいだったので、たくさん写真を撮っちゃいました。お昼は精進料理食べたんですけど、野菜がおいしかったです。

いかがですか？

この文章には感情がこめられています。伝わる文章というのは感情がこめられた文章のことです。感情にふれることで読者は共感し、いっそうの理解を深めていきます。

POINT

本当に伝えたいなら、5W1Hは無視しよう。5W1Hにこだわると、不明点やモレはなくなるがうっとうしい文章になる。伝えたいなら感情をこめる。

「伝える」ためにロジカルは不要

●報告書やリポートは「5W1H」が最適

今「5W1Hは不要」と申し上げました。5W1Hのフレームワークは一般のトークや文章には不向きなのです。報告書やリポートに使用するなら問題はありません。

- ・When（いつ発生したか？／発生日時）
- ・Where（どこで発生したのか？／発生場所）
- ・Who（誰が対応したのか？／お客さまの名前、担当者）
- ・What（何が発生したか？／発生した事象）
- ・Why（なぜ発生したか？／発生した原因）
- ・How（どのように対応したか？／対応方法）

〈例〉顧客A社とのトラブルについて
昨日の12時（When）顧客A社（Where）に届いた納品物に不良品が混入していた（What）。営業担当の鈴木（Who）がA社を訪問し総務部田中氏（Who）に謝罪した。不良品は即回収し明後日までに納品することを確認した（How）。原因は調査中であり、わかり次第報告する（Why）。

上の文章を読むと、間違いなく、5W1Hが報告書向きであることがわかります。しかし、なんでもロジカルに書こうとするとかえってわかりにくくなります。

「ロジカルは相手を説得し、コミュニケーションを深め、ビジネスを潤滑に進めるうえで必要だ」と言う人がいます。また、ロジカルに伝えられる人が「デキる人」と評価される向きさえあります。しかし、それは幻想だと申し上げておきます。

ロジカルの1つにコンサルティング会社の分析などが挙げられます。その分析方法や内容は見事なものが少なくありません。しかし、彼らのリポートの多くは報告書であり、5W1Hで上司に提出するような報告書とテイストは同じものです。

●ロジックにだまされてはいけない

コンサルティング会社が提供しているセミナーや研修に参加すると、触発された人が急にロジカルになることがあります。たとえば、「このロジックは」「やはりロジカルに」などと、頻繁に口に出すようになります。

しかし、**ロジックやロジカルは相手を説得するためのフレームワークにすぎません。そこからは何も価値は生み出しません。**

どの会社にも、必ず「ロジカル・バカ」みたいな人がいますが、そもそも人の気持ちはロジカルでは動きません。そこに、強い思いや情熱があったり、楽しいと思うから動くのです。

たとえば、コロナ禍における緊急事態宣言は「発出すべき」「発出すべきではない」の二択が存在します。「発出すべき」「発出すべきではない」のどちらであっても、その根拠をロジカルに述べることはできます。

実は、テーマがコロナだろうが、経営課題だろうが、『鬼滅の刃』だろうが、どんなことでも自説をロジックで証明することはできるのです。

確かにロジカルは万能に見えますが、それは報告書という体裁の場合のみです。報告書の作成に使用する5W1Hも同じことがいえます。

ロジックやロジカルにだまされてはいけません。

ロジカルにこだわる「ロジカル・バカ」には仕事ができない人が多い。報告書以外の要素で人に伝えたいと思うならロジカルな要素は極力排除するべき。

読者の感情に伝わらなければ意味がない

●代名詞を多用してはいけない理由

皆さんのまわりに代名詞を多用する人はいませんか？　代名詞とは、名詞または名詞句の代わりに用いられる語のことです。通常は名詞とは異なる品詞と見なしますが、名詞の一種とされることもあります。「あなた」「彼」「彼女」「あれ」「それ」などのことです。5W1Hでは、Who、What、This、Thatなどが該当します。「あなた」「彼」「彼女」ならまだわかりますが、「あれ」「それ」では通じません。次のような文章になります。

A氏：いつもの「あれ」を頼んでおいて。
B氏：「あれ」ってなんのことですか？

A氏：TOYOTAの新車を買ったんだよ。人気のある「あの」モデル。
B氏：「あの」モデルですか？

A氏：「それ」って今どんな感じ？
B氏：「それ」って何がですか？

A氏：「それ」っていいね、ステキですね。
B氏：ありがとうございます。ところで「それ」って何がですか？

A氏：「あそこ」行こうか？　人気のあるあれ。
B氏：「あそこ」ってどこですか？

代名詞が多いと、このような会話になりがちです。あなたの周囲にこのように代名詞を多用する人はいませんか？　これでは、いくら5W1Hに基づいてWhat、Whoを指示されていたとしても理解不能です。文章にすることでよりわかりにくさが強調されましたが、会話であってもまったく通じないでしょう。

●読者の感情に揺さぶって行動させた文章

では、何をチョイスすればよいのか？　先ほど感情と言いました。**どんなに素晴らしい文章であっても相手の感情に響かなければ伝わりません。**感情に訴えれば行動に移すはずです。
たとえば、私が投稿している書籍紹介記事が読者の感情を揺さぶったなら「本は売れるはず」です。5W1Hではこのようにはいきません。

ここで1つの事例を紹介します。2019年2月3日に「歯科医が警鐘を鳴らす、食べていると確実に『死』に近づく食べ物とは？」という記事をYahoo!ニュースに掲載しました。歯科医として活動する、森永宏喜さんの取材記事をまとめたものです。森永さんは2016年に『全ての病気は「口の中」から！』（さくら舎）を出版していたので書籍のタイトルだけ記載しました。

結果的にこの記事はアクセス総合1位となり、数日で数百万PVを獲得することになります。「歯科医が警鐘を鳴らす、食べていると確実に『死』に近づく食べ物とは？」のタイトルは、飛躍しすぎて適切ではないとの指摘もありましたが、そういう反応があることは想定内でしたので丁寧に回答しました。

米「TIME」誌は米国社会にとって影響力の大きい人物や事柄を表紙にしています。2004年2月23日号の表紙を飾ったのは「SECRET KILLER」（秘密の殺人者）の文字。そこには歯周病が死にいたる病気であることや、ほかの疾患との関係性など詳細な特集が組まれていました。米国では歯周病のことを「SECRET KILLER」と呼びます。学会でも「SECRET　KILLER」は一般的な名称として定着しています。

歯周病は少しずつ進行し、確実に死に至る病であることや、歯周病にならないための食事やケアを紹介しましたので、決して大げさなタイトルではありませんでした。歯周病の怖さについては、これまでも多くの歯科医が警鐘を鳴らしてきましたが、日本では、最近になってようやく一部の専門家が気づきはじめたのが実情です。だから、私の記事の主旨が理解できなかったのです。

多くの読者がこの記事に触発されてどうなったのでしょうか？
まず、Amazonが数十分で完売になりました。翌日、森永宏喜さんの元には大手新聞社数社から独占取材のオファーがありました。これは、記事内容が評価された裏づけとなりました。

POINT

どんなに素晴らしい文章であっても相手の感情に響かなければ伝わらない。感情に訴えれば行動に移してくれる。5W1Hではこのようにはいかない。

「読者の感情に伝わる」とはどういうことか？

●「喜怒哀楽」を表現しよう

人は感情を刺激されると行動に移します。Webマーケティングの分野では「コンバージョン（conversion）」と表現します。直訳すると「変換」という意味になりますが、行動がどのように変換されたのか、ユーザーの最終的な成果を意味します。

たとえば、私が記事にAmazonのURLをリンクさせておいて、それが購買に結びつけば「コンバージョンレート（変換率）が高い」と表現します。逆に購買率が低ければ「コンバージョンレートが低い」と表現します。さらに「クリックレート」（広告やWebサイトへのリンクをクリック数）を調べれば数値が判明します。

私の記事の表示回数が1000回で、そのうち100回クリックされれば、クリックレートは10パーセントとなります。さらに、100回クリックされて10冊の本が売れていれば、1000回表示→10冊販売ですから、コンバージョンレートは1パーセントとなります。詳しいことを知る必要はありませんが、よく使用される用語なので覚えておいたほうがいいでしょう。

さて、話を戻します。**相手に伝わる感情は大きく4つの形態しかありません。わかりやすい言葉に置き換えると「喜怒哀楽」です。**実際には感情は細分化すると、24分類（EQの24素養）することができますが、大くくりに押さえて「喜怒哀楽」だけ覚えてください。

次に、本と文章をテーマにして喜怒哀楽に関する文章を考えてみました。

短いですが、これくらいの文章はサッと書けるようになりたいものです。

〈喜びの例文〉

私は本を読むことが趣味です。毎日1冊読んで読書感想文を書いています。読書感想文は毎日ブログにアップしていますが、今では読者の反応を見るのが楽しくて仕方ありません。先日、大手メディアのサイトから声をかけていただき、来月、ライターとしてデビューすることになりました。

〈怒りの例文〉

毎日本を購入しているとひどい本に出合うこともしばしばです。先月は、連続して粗悪な本に当たってしまい、ムダづかいをしてしまいました。著者の○○氏は自己啓発で有名な作家ですが、毎回ストーリーは同じです。こんな本を出しつづけているようでは先が思いやられます。

〈哀しい例文〉

私は、本の紙質、インク、存在のすべてが好きです。先日、出版不況でここ10年くらいで市場規模が半分くらいになってしまったというニュースを目にしました。幼い頃、母からおこづかいをもらうと本屋に直行でした。本屋には夢があるのでがんばってもらいたいです。

〈楽しい例文〉
最近、文豪といわれる作家の本を何冊か読んでみました。オリジナルの書き方や表現方法が勉強になりました。独学では難しいと思っていたところ、○○書店でライティング講座をするという情報を見つけ。さっそく申し込みました。来月3日が最初の講義、とても楽しみです。

記事を書くときには内容に合わせた感情が必要になります。内容との連動性を持たせることによって読者の共感を呼び起こすことができます。この2つの連動性がなければ、読者は記事から離れてしまいます。

●「起承転結」でストーリー性を表現する

次に記事のフレームを考えてみましょう。ここではストーリー性が大切になりますが、ストーリー性を表現するには「起承転結」を意識しなければいけません。

〈起承転結の流れ〉
導入：イントロ。どのように物語が始まったのか（起）
↓
事実：どのように展開したのか（承）
↓
転用：こんなことがいえる（転）
↓
結論、アウトロ：どのような結末になったのか（結）

この中で必須なのが、「導入（起）→事実（承）→結論（結）」の3

つのパートです。転用（転）の部分は情報量や記事の内容によって深さが異なるので、事実（承）のあとに、結論（結）が来る場合もあります。

まずは、全体を構成するときに。「導入（起）→事実（承）→結論（結）」を考えるようにしてください。次の項で具体的な書き方を説明していきます。

POINT

せっかく書くなら読まれる文章を書こう。読者に伝える感情には「喜怒哀楽」の4形態があること、文章は「起承転結」に沿って展開することを覚えておきたい。

サザエさんを事例にしたモチーフを検証する

●起承転結の具体的な使い方

ここでは、起承転結の具体的な展開方法について解説します。次の文章をお読みください。

磯野カツオさんには好きな人がいました。大空カオリさんのことですが、なかなか気持ちを伝えられません。運動会でフォークダンスを踊ることになりました。磯野カツオさんは勇気を出して一緒に踊ろうと声をかけたところ、大空カオリさんはすんなりOK。めでたくペアになれました。卒業まで仲よくすごしました。

〈起承転結〉

起：磯野カツオさんには好きな人がいました
承：運動会でフォークダンスを踊ることになりました
転：大空カオリさんはすんなりOK。めでたくペアになれました
結：卒業まで仲よくすごしました

起承転結はこのように分けることができますが、この記事を読んでも読者は何も感じないでしょう。単にほかのサイトに載っている情報を羅列しただけでは読者の感情が動かされることもありません。実際、このような記事は多いのですが、ほかに載っているような情報のコピペは最もイヤがられます。なぜなら、読者にとっては時間のムダであり、メリットが見当たりませんから。

そこで先ほど解説したようなストーリー性が大切になってくるのです。

次の文章はいかがでしょうか？

昨日、世間を驚かせたニュースが公表されました。
学校のマドンナ的存在で、成績も優秀、みんなの憧れの的だった、大空カオリさんが磯野カツオさんとフォークダンスをペアで踊ることになったのです。
以前から、磯野カツオさんは大空カオリさんに好意を持っていましたが、なかなか気持ちを伝える機会がありませんでした。今回、フォークダンスを踊ることが決まり、磯野カツオさんは、勇気を出して一緒に踊ろうと声をかけました。すると、大空カオリさんは二つ返事でOK。どうやら、両思いだったようです。
その後、2人は卒業まで仲よくすごしました。
本日18時から、大空カオリさんが所属する、かもめ第三小学校の校長先生が記者会見を行ないます。

サザエさんをモチーフにしたフィクションですが、あとの記事のほうが確実に読まれてシェアもされると思います。載っている情報に大きな差はありませんが、感情表現を盛り込むことでリアリティーが高くなっているとは思いませんか。

●基本の型に肉付けしたものがオリジナルの文章

物語にはすべて起承転結があります。ほかのケースでも確認してみましょう。

〈桃太郎の起承転結〉

起：おばあさんが川で拾ってきた桃から桃太郎が生まれた

承：鬼ヶ島の鬼を退治するために仲間を集める。犬、猿、キジが家来になる

転：鬼ヶ島に乗り込み、見事に退治する

結：鬼の財宝を持ち帰り、郷里に凱旋した

すべての物語には起承転結があります。文章も同じで、**最初にフレームを作ってしまい、あとから肉付けをしていくと構成がしやすくなります。**

最初のうちはフレームを作成することに手間取るでしょうが、慣れれば難しくありません。まずは数をこなしましょう。

すべての物語には起承転結がある。最初にフレームを作ってしまい、あとから肉付けをすれば構成がしやすくなる。フレーム作成には慣れが必要。数をこなそう。

「伝える」には主語を明確にせよ

●主語がないと文脈を読み取れない

不特定多数の人びとに向けたトークや文章には何を入れればよいのでしょうか？　先ほど、「感情をこめるように」と言いましたが、まだピンと来ない人もいると思います。そのような人は、主語を明確化するようにしてください。主語がないとどのようになるのでしょうか？

〈主語がない〉
A氏：そろそろ来るぞ！
B氏：何が来るの？
A氏：社長が来るに決まっているじゃないか！

主語がない文章は文脈が読み取れません。なんの話か耳をすましても通じないのです。「誰の話をしているのかな？」「なんの話かな？」と思う場合は、主語がないことが多いのです。また、主語があいまいになるケースも意味がわからなくなります。

私は私の上司と一緒に出張から帰って来る社長を迎えに行きました。

この例文は2通りに解釈することができます。

①出張から帰って来るのは「社長」。迎えに行ったのは「私」と「上司」
②出張から帰って来るのは「社長」と「上司」。迎えに行ったのは「私」

「私は私の上司と一緒に、～」とすれば①の意味になります。「私は、私の上司と一緒に～」とすると②の意味になります。読点で区切ることはできますが、解釈の仕方によっては意味が通じなくなります。であれば、もっと簡潔にしなければいけません。

①の解釈：私と上司は出張から帰って来る社長を迎えに行きました
②の解釈：私は出張から帰って来る社長と上司を迎えに行きました

●主語と述語はなるべく近くに配置する

主語と述語が離れている文章も理解が難しくなります。例文を見てみましょう。

〈主語と述語が離れている〉
歴史学者○○教授は、「長篠の戦い」における織田・徳川連合軍の鉄砲三段撃ちは疑問視されており、「信長公記」には三段撃ちを行なったという記述はなく、明治期に陸軍が教科書に史実として記載したことから、一気に「三段撃ち」説が広まったものと考えられていると述べている。

いかがですか？
ときおりこのような記事を見かけることがあります。なんとなく意味はわかるのですが、主語と述語の関係がわかりにくいことから、このような現象は発生します。主語の「歴史学者○○教授」と、述語の「述べている」を離してはいけないのです。また、この例文はだらだらと文章を長くしているため、いっそうわかりにくくなっています。わかりやすく直してみます。

歴史学者○○教授は次のように述べている。「信長公記」には「長篠の戦い」において織田・徳川連合軍の鉄砲三段撃ちを行なったという記述はない。明治期に陸軍が教科書に史実として記載したことから、一気に「三段撃ち」説が広まったものと考えられる。

少しスッキリしました。しかし、全体が長いので皆さんならもっと短くすることができるはずです。ここでは、主語を明確化することの重要性を押さえておきましょう。

POINT

主語がない文章を書く人が多い。ネットニュースを読んでいても、主語があいまいなせいで意味がわからないものが多い。主語は明確化させるとともに、述語も主語の近くに置くべきである。

読ませたいなら「ストーリー・ゴール」を設定せよ

●初めにストーリー、次にゴールを決める

私は文章を書く際に全体のストーリーを構想します。ストーリーを構想し終えたら、ゴールを設定します。たとえば、記事を書く場合、書きながら内容を考えていくことはできません。最初にストーリーを考えて、イントロがあり、ボディがあり、アウトロを決めます。

「今回の記事の文字は1500文字くらいかな？　だったら小見出し2つくらいは必要だな。イントロ300文字、小見出し①500文字、小見出し②500文字、アウトロ200文字。全部で1500文字くらいで決定しようかな」——構想時にこのように決めていきます。

また、文章を書く前に、ストーリーを決めてゴールを設定する理由は3つあります（私は「ストーリー・ゴール」と呼んでいます）。

①ストーリー・ゴールがない文章はゴールできない

ゴールが設定できない場合、ストーリーがない物語と同じになります。これでは物語にはなりません。たとえるなら、地図もコンパスもない船に乗り込んで目的のないまま、さまようようなものです。これではストーリーが永久に完成することはありません。

②ストーリー・ゴールがないと座礁する可能性が高い

ゴール（目的）はあるのですが、たどり着くまでの構成や手法がわからない、または「ネタ切れになってしまった」というケースもあります。これは、目的地（ゴール）に向かって出発したものの、途中で燃料が尽きてしまったり座礁することと同じことです。

③ストーリー・ゴールがないと矛盾に気がつかない

書いている途中で「矛盾がある」と気づくことがあります。修正するために手を加えたものの、よけいにわかりにくくなり、ストーリーが成立しなくなったということがあります。最初にストーリー・ゴールを決定していれば矛盾に気がつくことができますが、ない場合は気づくことはありません。この矛盾は決定的なミスにつながる場合があります。

さらに、**ストーリーには、リードとアップダウンが存在するものです。読者はアップダウンに共感することが多いので、慎重に考えなければいけません。**「共感」といっても小説ではないので、読者から「だよね」「ふむふむ」「なるほど」を引き出す程度の構成だと考えて下さい。

たとえば、ダイエットの「ライザップ」は「なぜあれほど痩せられるのか？」という記事の書き出しで物語を形成しています。「ビフォアー」を見せることで共感を狙い、「アフター」で実績や根拠を見せています。これはうまい文章の構成です。

POINT

文章には「ストーリー・ゴール」が必要。わからなくなったらライザップを思い出そう。「ビフォアー」で共感を狙い、「アフター」で実績や根拠を示そう。

第4章

「読者は読まない」のが当たり前

そもそも「読む」「調べる」とは何か？

●読者がコンテンツを選ぶ基準は？

ネット上には多くの記事があふれています。読者はどのような基準でコンテンツを選択しているのでしょうか？
「気になるタイトルだった」「大手ニュースサイトの記事だった」「好きなブロガーのコラムだった」など理由はさまざまでしょう。いずれにせよネット記事は、読者が「自分にとって役立つ」という基準で選択しているのです。そのため、読者に読んでもらうための読者目線を養わなければいけません。

90年代後期から2010年代の初めくらいまでなら、何か情報を探したり調べるときには検索エンジンを使用していました（つまり「ググる」）。ところが、今の若者、とりわけ30代未満は、そもそも調べること自体をしなくなりました。

私は障害者支援団体を運営しているのですが、その団体には毎年数100人の学生ボランティアが参加します。彼らの多くは個人専用のパソコンを所有していません。リポートを作成するときに大学のPCを使用すれば問題ないのです。
「PCを持っていないんだ？」と聞くと「PCなんて持っている人はいませんよ」という答えが返ってきます。彼らはスマホがあれば十分なのです。

そんな彼らは調べ物をするときに検索エンジンを使用することは

しません。

ある商品を調べたいと思ったらAmazon、ファッションならZOZOで検索します。商品がダイレクトにヒットしますから機能がすぐにわかります。このやり方であれば、調べるための時間を節約し、労力を軽減することができるのです。

これは、膨大な情報の中から選択することに疲れてしまっている今の若者の気質を表していると思います。今後は、若者の、このような変化に気がつかない企業(メーカー)は相手にされなくなるでしょう。

●「手っ取り早さ」が求められる時代の文章とは?

ユーザーの意識が、「時間の節約+労力の軽減」→「手っ取り早さ」に変わっているのは、ネットの世界だけではありません。

たとえば、食品メーカーは「おいしさ」「安全」がキーワードになりますが、かなり前から、「手っ取り早さ」の要素が付加された商品がチョイスされています。魚や肉類は少量の部位ごとにカットされて下味がつけられています。コンビニにいたっては、すでに野菜がカットされている「カットサラダ」が人気です。

これらの商品を買うことで、ユーザーは時間を短縮できます。キャベツの千切りができなくてもドレッシングをかけるだけでおいしいサラダが楽しめます。

単に手っ取り早さを求めるだけなら、「レンジでチンと同じだよね」と思う読者もいると思います。が、実はまったく違います。今の顧客は、速さは「レンジでチンと同じだよね」を求めながらも、調理したてのような「おいしさ」を求めているのです。

その証拠に、昔と比べて冷凍食品のクオリティが格段に上がったと思いませんか?　コンビニスイーツのバリエーションが増えたと思いませんか？　これらはすべて、速さと調理したてのようなおいしさを追求した結果です。

この流れは私たちの生活のすべての面に波及していくでしょう。今後、人びとに求められる文章や情報とはどんなものでしょうか？

すでに、多くのユーザーは「手っ取り早い」「便利」であることに慣れています。それだけでは優位なポイントには成り得ません。

SNSのタイムラインを眺めているとストレスを減らして、快適な時間をもっと増やしたいと考えている人が多いことに気がつきます。ここに、これからの情報や文章のあり方のヒントがあるのではないでしょうか。

POINT

今は、手間やストレスを減らして、快適な時間をもっと増やしたいと考えている人が多い。今後の情報や文章のあり方のヒントがここにある。

読者とは「どこの誰」で何者のことか？

●まず「誰に向けた文章なのか？」を明確にする

記事を書く際、「読者をイメージする」ことの重要性はこれまでもお話ししました。情報感度は読者によってレベル差があります。

たとえば、営業マンに経理の話をしても興味を持たれないかもしれません。研究職の人にお客さま相談の話をしてもミスマッチでしょう。ところが、起業を予定している営業マンなら、経理や管理、総務のことも、ある程度、知っておく必要があります。自分が実務としてではなく、外注するにしても、だまされない知識を最低限持っておくことが大切だということになります。

しかし、経理の記事を書いたとしても「営業マンで起業する人」に届くとは限りません。細かくセグメントして伝えようと思ってもリーチできないからです。ですから、**大きなくくりでユーザーをイメージすることは大切ですが、細かいセグメントまでは不要ということになります。**

私は記事を構成する際、「自分／相手」×「主題」×「様式」を意識します。この三角形がうまく機能したときに「バズる」につながります。では詳しく説明しましょう。

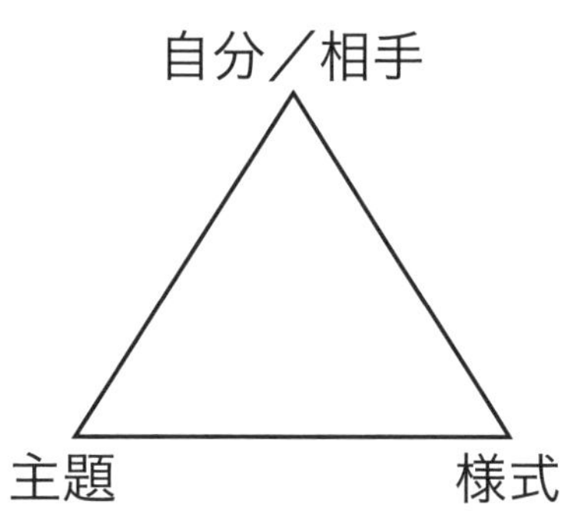

〈自分／相手〉

「この人の記事なら読みたい」「このテーマはこの人しか書けない」という度合いです。取材記事なら、この人の記事なら誰もが読みたがる、その分野のエキスパートと称される人になります。芸能人でもいいのですが、私はエンタメ系は品位が問われるので書きません。

一般的にこの人の記事なら間違いなく読まれるというのもありです。パッと思い浮かんだのが、眞子様や小室圭さん。独占取材になれば必ず多くの人が見ると断言できます。

また、仕事でくくってもかまいません。医師、歯科医、弁護士、ジャーナリスト、コラムニスト、作家など、誰が聞いてもわかる仕事であることが望まれます。

〈主題〉

テーマや内容のことです。今なら新型コロナウイルスが世界的に関心を集めています。緊急事態宣言の発出により自粛生活が余儀なくされ、私たちの生活に影響を与えています。

新型コロナウイルスを主題にする場合、芸能人やスポーツ選手が解説しても説得力がありません。まったく無名の医師や歯科医が専門性を担保した説明をしてもまだ不十分でしょう。しかし、政府分科会の尾身会長の解説なら説得力があると思います。メディアへの露出度が高い、西村経済担当相も同様の効果があるでしょう。

また、「切り口」も重要です。かつて“不治の病”と呼ばれた「結核」という感染症があります。日本では1950年まで死因の第1位でした。新選組の沖田総司、歌人の石川啄木、詩人の中原中也、小説家の樋口一葉など多くの有名人の命が奪われています。その後、医療や生活水準の改善により怖い病気ではなくなりました。

明治初期に「結核は怖くない　――100パーセント治る」という本があったらベストセラーになったと思います。しかし、今同じテーマの本が出たとしても売れないでしょう。参考までに、2019年の結核罹患率（人口10万対）は11.5で、新型コロナウイルスよりも高い数値です。

結核菌は結核患者の出す咳やくしゃみの飛沫が、別の人の肺に吸い込まれることによって感染します。

令和の時代、「結核は怖くない　――100パーセント治る」では響きませんが、次のようにしたらどうでしょうか？　印象がかなり変わるはずです。

「怖い感染症から身を守る方法」
「感染症にかかりやすい習慣を改善する」

「怖い感染症から身を守る方法」ですから、健康法としてほかにも応用できそうです。

ほかのケースで考えてみます。江戸時代に「モテる着物の着方」という本が出たら非常に注目されたと思います。江戸時代は着物が普段着として定着していたからです。ですが、今同じテーマの本を出しても、ほとんど注目されないでしょう。

この場合は、「結核は怖くない　――100パーセント治る」を「怖い感染症から身を守る方法」や「感染症にかかりやすい習慣を改善する」に変換したような置き換えが必要です。

「日本文化と服装の変化」
「モテ服の変化。江戸から令和を分析する」

まだ改善の余地はありますが、「着物」＝「ダサい、古い」といった印象は消えます。「着物」＝「日本文化」とすることで広い捉え方が可能になりました。

〈様式〉

様式は体裁のことです。専門書にありがちな難しい内容は一般的には受け入れられません。先ほど紹介した結核の本が、専門的だったらハードルを下げればいいのです。

最近多い、「マンガでわかる○○」「図解○○」はわかりやすさを追求した体裁です。わかりやすい例では、『もし高校野球の女子マネージャーがドラッカーの『マネジメント』を読んだら』（岩崎夏海、ダイヤモンド社、2009年）が挙げられます。

主人公のみなみ（女子マネージャー）は、書店で「マネジメント本」を購入します。野球部の運営に使えると思った主人公は野球部でマネジメントを実践し、甲子園を目指します。この頃合いが絶妙だったのでしょう。本書は大ヒットを記録しました。結果350万部を超えたのです。

ドラッカーのマネジメント論は一般的ではありません。普通に読んでも難解すぎて理解できなかったという人はかなりの割合になると思います。

私は社会人になってから経済と経営学を学び、経済学修士、経営学修士を取得しています。その際ドラッカーの『マネジメント論』は必須科目でしたが、すべてを理解できたとは言い難いというのが正直なところです。

「もし高校野球の女子マネージャー～」の内容はドラッカー本人の主張とはかけ離れているという辛辣な意見もありますが、多くの人がドラッカーを知る契機になった1冊と考えれば、社会的意義は大きかったのです。

●「ここでしか読めない」というベネフィットを提供する

私は、**「自分／相手」×「主題」×「様式」のバランスがよかったときに「バズる」が発生する**と述べました。のちほど、タイトルの付け方についてもふれますが、タイトルのインパクトだけであおることは「タイトル詐欺」と呼ばれ、決して評価はされませんので注意してください。

最後に、自分の思いついたネタがほかの人が書いた記事とかぶっていないかを確認します。読者には「ここでしか読めない」というベネフィットを与えなくてはいけません。ほかに載っていたら興ざめです。そのため、下調べや情報精査にもきちんと時間をかけましょう。

POINT

「自分／相手」×「主題」×「様式」のバランスを考えること。これがいい状態のときに初めて「バズる」が発生する。ただし、「タイトル詐欺」にならないように注意。

じっくり読ませようなんて愚の骨頂

●拾い読みしても全体がわかる文章を書く

現代人はみんな忙しいので、じっくり文章を読んでいる時間はありません。そのため文章の大半は斜め読みで、必要ない部分は容赦なく飛ばし読みされます。忙しい人たちのために、**まずは読者の「興味を惹くタイトル」。次に、「なぜこの文章を読む必要があるのか？」を考えて、あとはキーワードだけ拾い読みしても全体がわかる文章を書くことが大切です。**

×　朝食に食べたい副菜10選
○　忙しい朝でもたった5分でできる副菜レシピ10選

×　株式投資入門
○　超簡単。初心者でも1年目から○万円以上稼げる、ヤバい投資法

夕食前の買い物に出かける主婦や、通勤途中のサラリーマンなど、時間がない人が目にすることを前提にタイトルを考えます。

たとえば「朝食に食べたい副菜」と書くと、よっぽど副菜に興味がない限りは読まれません。しかし、「忙しい朝」「たった5分でできる」と入れることで、一気に主婦層の興味関心を惹きつけることができます。なぜなら、夜に比べて朝はより忙しく、にもかかわら

ず毎日あれこれ頭を悩ませながら朝食のおかずを考えている人が多いからです。忙しい主婦に向けて「5分でできる副菜」を提案できたら、かなり食いつきますよね。

「株式投資」についていえば、「超簡単、初心者、1年目から○万円稼げる」とすることで、株式投資へのハードルが一気に下がります。仮に株にまったく興味がなかったとしても、「もしかしたら自分も稼いで得できるかも」と思わせることができるのです。

●読者に「これは自分のことだ」と思わせる

「じっくりと読まない相手」をどう惹きつけるか？

1つは「あるあるネタ」を入れて「これは自分のことだ」と思わせること。さらに「読者が考えている」ことを裏切ること。たったこの2つを意識するだけで、読者に「えっ!?」と思わせ、最後まで文章を読ませることができます。

この記事の抜粋は就活時期に載せたものです。就活生と企業の採用担当者が読者になります。大きな反響があったのですが、理由はおわかりになりますか？

〈エントリーシートに書くべきこと、書かなくていいこと〉
多くの学生にとって自己分析は新鮮に映ります。しかし「企業の採用と学生の就活」の双方にたずさわった経験から申し上げるなら、学生が自己分析することに力を注いでも、就活ではほとんど意味がありません。それどころか「自己分析で見つけた強み」という思い込みは、誇大妄想になりかねません。

誰もが実績として認めて数値化できるようなものでない限り、自己分析が他者と一線を画するほどのオリジナリティにあふれていることはまずないからです。

ここでは「学生にとって自己分析が新鮮であること」、しかしどんなに力を注いでも、「就活では意味がない」と突き放します。自己分析にどっぷりハマった学生からしたら、わずか2行で、奈落の底に落とされた気分になるのではないでしょうか。

このように、いかに読者の興味を惹き、わかりやすく簡潔に文章をまとめられるかが大切です。

POINT

現代人はみんな忙しいので、じっくり文章を読ませようとしないこと。大半は斜め読みで、必要ない部分は容赦なく飛ばし読みされることを踏まえておく。

伝えたいならシズル感を出してみよう

●「読みたくなる理由」＝「文章におけるシズル感」

「ステーキを売るな、シズルを売れ」とは、「ホイラーの法則」で有名な経営コンサルタント、エルマー・ホイラー氏の言葉です。

「商品そのものを売るのではなく、ステーキの焼ける音や匂いを伝え、お客さまがそれを買いたくなる理由」を表現しなさい、という意味です。これは食べ物に限らず、すべての商品に共通して言えることです。**"シズル感"を理解し、表現できるようになれば、どんなものだって売れるようになるのです。**

×　赤いサクランボがいっぱい売られている
○　真っ赤に熟れて、いまにも果汁があふれ出そうな佐藤錦が売られている

×　卵かけご飯
○　プリっとして、箸で軽く黄身を押さえると、まるで黄身が押し返しているかのような弾力のある、究極の卵かけご飯

リアリティのある文章は、読者の心を惹きつけます。

たとえば、卵かけご飯について2つの文章があります。単なる「卵かけご飯」と「プリっとして、箸で軽く黄身を押さえると、まる

で黄身が押し返しているかのような弾力のある、究極の卵かけご飯」——あなたは、どちらが食べたくなりますか？

見た目だけでなく、触感や匂いなども一緒に文章で伝えることで、読んでいる人の五感に訴えかけ、「食べてみたい」と思わせることができるのです。

そして、シズル感を演出する際に欠かせないのが「オノマトペ」。卵の例でいえば「プリっと」という言葉です。

視覚……キラキラ、チカチカ、くっきり
聴覚……ザーザー、ジャージャー、キーキー
触覚……ふわふわ、ザラザラ、
嗅覚……ツンとした、まろやか
食感……モチモチ、とろーり、シャキシャキ、トロトロ

シズル感とは、言葉だけでいかに臨場感あふれる描写をできるかがポイントになります。

たとえば、1枚のきれいな海の写真を見た人が思わず「行ってみたい」と思えるようなシーンを具体的に表現できるか？　シズル感を意識して書くと、単調でつまらなかった文章が一気にリアリティを増してくるのです。

〈実例1〉

これはおいしい牛肉です。

↓

これはヒレ肉の中でも最高級の部位、シャトーブリアンです。柔らかいのに脂肪が少なめなので、噛んだときに肉汁がジュワッと口の中で広がります。

〈実例2〉

水槽で泳いでいた魚を捕まえてきたので、これからさばきます。活きがいいお刺身が楽しめますよ。

↓

5分前まで目の前の水槽で泳いでいた、ピッチピチの魚の活け造りをいただきましょう。身が引き締まっているから、口に入れて噛むとコリコリとした食感が楽しめます。

もしも、牛肉を売りたいと思ったときに、ただ単に「おいしい牛肉です」と書いただけではその価値がお客さまには伝わりません。「どんな種類の牛肉で、その価値はどこにあるのか」を伝えたうえで、シズル感を使って「実際に食べたときをイメージさせる言葉」を用いて想像力をかきたてます。それが「食べてみたい」という購買意欲につながります。

〈実例2〉で示したように、魚の活け造りについても同じことがいえます。ここでのポイントは「ピッチピチの魚」「コリコリとした食感」など、「オノマトペ」を意識して使うこと。それによって「今日は魚って気分じゃないからいらないわ」と思っていた人であっても「そんなに活きがいいならちょっと食べてみようかしら」となるのです。

ちなみに、**このシズル感を出そうと思ったら、極力「きれい」「美しい」「かわいい」「おいしい」など、一般的な形容詞は使わないこと。**「きれいな人」であれば「肌がつやつやして、顔立ちが整っている人」。「かわいい犬」であれば「毛並みがよくて、人懐っこそうな顔をした小型犬」など、より具体的な言葉で置き換えること。たったこれだけで、リアリティのある伝わり方になります。

文章術ではシズル感を表現することで、もとの文章を格上げすることができます。「せっかく文章を書いたのに、なんだか思ったことがうまく伝わらないようだ」と感じたときには、「文章にシズル感はあるか」という視点で、自分が書いた文章をチェックしてみましょう。

●臨場感や躍動感を演出するテクニック

たった一文を読んだだけで、まるでその場にいるかのような臨場感を味わえる文章があります。たった一文読んだだけで、目の前に情景が広がり、どこか懐かしさを感じさせる――そんな臨場感あふれる文章を書くために必要なこと。それは擬声語や擬態語、擬音語などを入れることです。これによって臨場感や躍動感を演出することができるのです。

× 桜が散る春
○ 桜がひらひらと舞い散る春の夜

× この車は最高時速○○キロで走ることができます
○ 最高時速○○キロで（グングン）と走るため、爽快感を味わえます。まるで、仕事の疲れをふきとばしてくれるかのようです。

〈解説〉
「桜が散る」と書くだけでもいいのですが、「舞い散る」「春の夜」と言葉を付け加えることで「まさに今桜が目の前で散っている」「昼ではなく、夜である」という情景をリアルに思い浮かべることができます。

桜が舞い散る夜、彼女は何を思うのでしょうか？　読者の想像の中で、過去の自分や好きだった女性のことを重ねて思い浮かべる人もいるのではないでしょうか。

擬態語、擬声語は臨場感を描くのに有効な反面、何度も繰り返し用いると子どもが書いたかのような、締まりのない、幼い文章になることもあります。ですから、多用は避けつつも、感じたままを書き記し、読者の心をぎゅっとつかんで離さない――そんな使い方が理想です。

POINT

シズル感を出すと文章がイキイキしてくる。いくつかの方法があるので試してみよう。多用しぎると、かえって文章が稚拙に見える場合があるので要注意！

一文は40文字以内に。長くしつこい文章は嫌われる

●ベストな文章の長さは25文字

わかりやすい文章は長すぎず、短すぎず、バランスが大切です。とはいえ、いったいどのくらいの長さで切ったらいいのでしょうか？

ベストは25文字前後です。どんなに長くても40文字以上続くようであれば、いったん文章を切ります。必要以上に長い文章は、「それで」「だから」など接続詞が多く、主語と述語の関係性があいまいになります。わかりやすい文章を書くためには、できるだけ簡潔に余分なことは書かないように心がけてください。

× 自分の実現したいことを書きつづけると自分の進みたい方向が見え、やがては、それを実現するために時間の使い方が上手になり、だんだんと夢が叶ってくるようになるのです。

○ 実現したいことがあればノートに書くこと。続けることによって、自分が進みたい方向が見え、夢を実現するために必要なことに時間を使うことができます。その結果、最短時間で夢が実現できるのです。

〈解説〉

一文は約40字以内で書きます。長すぎる文章は読んだときのリズム感が悪くなります。さらに、一文が長ければ長いほど、文章がややこしくなります。なぜなら、文章の主軸となる主語と動詞のほかに、修飾語などがたくさん入ってくるからです。文章を短くしたいときは、修飾語や接続詞を取り除くこと。できるだけシンプルな文章を心がけてください。

1文が何文字あるのかわからないときは、ワードで文字数を設定するといいでしょう。A4ページ横書き1行が約40字です。文章が2行目にかかるようであれば文章をいったん切る。接続詞を使うところで切ると、簡潔でわかりやすい文章になります。40文字が必須ではありませんが、目安にしましょう。

●疲れているとついセンテンスが長くなるので注意

人間は疲れてくると、頭の回転が鈍くなります。同時に、そんなときはダラダラとついムダなことまで書いてしまいがちです。このダラダラ文章は、読み手が書き手の思考についていけず、途中で文章を読むのをやめてしまう原因になります。具体的には「。」がなく、同じような内容を繰り返し伝える文章です。

結論ファースト。**書く前に伝えたいことを頭の中でまとめておくことで、簡潔でわかりやすい文章になります。**

× 今日は朝9時にA社に行き、打ち合わせをして、次に12時にB社に行き、打ち合わせをして、午後は4時から社内会議があり、5時から打ち合わせの議事録を作りました。

○ 今日の打ち合わせはA社とB社の2社です。打ち合わせ内容は○○で、結論は××になりました。午後4時からは社内会議をしました。議題は○○で、要点は××です。

「だけど」「だから」「それで」などの使いすぎに注意します。また、接続詞を使うときは、いったん文章を切るようにしましょう。

〈解説〉

会社の日報を書くことを想像してみてください。その日あったことをダラダラと書いていても読んだ相手には何も伝わりません。読み手である上司が知りたいことは、どこの会社に行き、どんなことを話し、結論はどうなったかや、社内会議のテーマは何で、要点はどこだったのかということです。

出来事を時系列に並べて説明するのではなく、「読み手が知りたい情報」を、わかりやすく書くこと。そのためには、書く前から頭の中で「伝えるべきことは何か？」をいったん整理しておくことです。第３章の「5W1H」についての解説（69ページ）を参考にしてください。

POINT

一文は長くしすぎないように。基本は40文字以内に抑えること。疲れているときに書くとセンテンスが長くなりがちなので注意が必要。

ワンセンテンス・ワンメッセージ

●よくばりすぎると読者が混乱する

「ワンセンテンス・ワンメッセージ」または「一文一義」という言葉があります。1つの文章にあれもこれも同時に言おうと詰め込んだら、意味がわかりにくくなります。そんなときやるべきことは、まずは文章を短くすること。そして、改めて意味が理解しやすくなるように組み直すこと。**よくばりすぎは、読者の混乱を招きます。**

〈例1〉
世界有数のコンサルティング会社、マッキンゼー社では、問題提示、解決の手法などあらゆる事柄が3つ揃いで提示される「3」は、マジックナンバーといわれていて、「理由は3つあります」「大切なことは3つです」「お伝えしたいことは3点です」などは、セミナーやプレゼン、スピーチでもよく使われる言い方です。

↓

世界有数のコンサルティング会社、マッキンゼー社では、問題提示、解決の手法などあらゆる事柄が3つ揃いで提示されるのは有名な話。「3」は、受け入れられやすい数字なのです。「理由は3つあります」「大切なことは3つです」「お伝えしたいことは3点です」などはセミナーやプレゼン、スピーチでもよく使われる言い方です。

〈例2〉
「アウトプットを始めよう！」「文章を書いてみよう！」と意気込むと、なかなか進まないことがあります。このようなとき、『アウトプット大全』『インプット大全』など、数々のベストセラーを書いていることでも知られている精神科医の樺沢紫苑さんは、アウトプット・トレーニング方法として「日記を書く」ことを推奨しています。

↓

「アウトプットを始めよう！」「文章を書いてみよう！」と意気込むと、なかなか進まないことがあります。このようなとき、精神科医の樺沢さんは、アウトプット・トレーニング方法として「日記を書く」ことを推奨しています。

〈例1〉の「世界有数のコンサルティング会社、マッキンゼー社では、問題提示、解決の手法などあらゆる事柄が3つ揃いで提示される「3」は〜」は見てわかるように、そもそもの主語が長すぎます。「世界有数のコンサルティング会社、マッキンゼー社では、問題提示、解決の手法などあらゆる事柄が3つ揃いで提示される」で、1回言葉を切ること。

〈例2〉「『アウトプット大全』『インプット大全』など、数々のベストセラーを書いていることでも知られている精神科医の樺沢紫苑さんは、アウトプット・トレーニング方法として「日記を書く」ことを推奨しています。」についても同じことがいえます。

●書き終えたらいったん寝かせるのがコツ

活動の幅が広く有名な人を紹介する際には、つい情報を多く入れてしまいがちです。しかし、情報をいれたからといって、読みづらかったらまったく意味がありません。このような場合は、著書の話はいったん脇に置くこと。必要があれば、文末にプロフィールを作るなどして、対応すればいいのです。

普段は気をつけていても、1日何時間もパソコンに向かって書いていると見落とします。書いた文章はいったん寝かせて、翌日改めて読み直しましょう。

また、夜中に書いた文章は、テンションが上がりすぎて、「自分の思い」や「意気込み」を語りがち。そのまま原稿に書いて送ってしまうと、恥ずかしい思いをします。**書いたら、一晩寝かせて翌朝にチェックします。これを続けることで、自分の文章を客観的な目で見られるようになってきます。**

POINT

伝えたいことが多すぎると情報を多く入れてしまいがちになる。情報を入れても読みづらかったらまったく意味がない。ワンセンテンス・ワンメッセージを心がけたい。

読者は行間を読まない。でも手を抜くな

●明確に書いたほうがよい理由

「行間を読む」の意味は、文字で書かれていない筆者の気持ちや意向をくみ取ること。小説であれば、読者は言葉のニュアンスから作者が本当に言いたいことをくみ取ろうとするかもしれません。しかし、ビジネス文書やニュースサイトの場合は、必要なところだけ読み、あとは読まずに終えてしまいます。また、メールなどの文章では、「いつまでに何をするのか」を明確に書かないと、相手にとって都合いいように理解されてしまいます。

× 誰かこの仕事を手伝ってくれる人がいたらいいんだけど。仕事を手伝ってほしいかな。
○ この仕事を手伝ってくれる人はいませんか？

× 明日の12時から会議を開催します。それぞれ用意をお願いします。
○ 明日の12時から会議を開催します。会議資料で使うデータを送るので、各自ダウンロードして、内容を把握しておいてください。

なぜ行間を読ませるような文章はダメなのか考えてみましょう。日本人は、空気を読んで状況を察し自ら率先して動くことこそが美徳とされがちです。しかし、これは文章においては、まったく通用しません。むしろ相手にやっておいてほしいこと、伝えたいことは、すべて文章で伝えること。また、メールでのやり取りであれば、お互いに「これは相手がやるだろう」と思って、誰も手をつけないということが往々にして起こります。

●「手抜き」は確実にあなたの評価を下げる

「行間を読まないのだったら手を抜いても大丈夫なんじゃないの？」という声が聞こえてきそうです。これに対しては**「手を抜くべきではない」**と申し上げておきます。手を抜くことがクセになってしまうことに加え、手を抜いた文章がたまたま悪い意味で注目されてしまうかもしれません。「あれはたまたま手を抜いていた文章で本当は違うんです」と言っても、あとの祭りです。

ここで1つたとえ話をします。あなたは料理評論家でグルメサイトに連載コーナーを持っています。銀座で有名なミシュランで星を獲得したことがある鮨屋がありました。たまたまコロナ禍ということもあり運よく予約ができました。

あなたは、自分の身分を隠して入店しました。しかし、お鮨の質は評判とは異なるものでした。おおむねおいしいのですが、マグロになると急に味が落ちたのです。「マグロはお店の格を決める大切なメニューなのに……」と思ったあなたは、コーナーに率直な感想を投稿しました。数日後、鮨屋の主人から連絡がありました。「いつもはマグロの質を落とさないのですが、あの日はたまたまいい食材が入らず……」と平身低頭。しかし、一度掲載した記事は削除できません。あなたは、同じ轍（てつ）を踏んではいけないのです。

そう考えると、文章とは因果なものです。読者は行間を読まずに勝手に解釈しますから伝えたいことが伝わるとは限りません。しかも、たまたま手を抜いた文章がクローズアップされたらそれが評価につながってしまいます。しかし、これが文章の面白さだと思うのです。

●読者1人1人に特別な価値を提供するつもりで書く

私は、読者に対して「あなたへの特別な価値を提供する」ことを意識して文章を書いています。これは難しく考える必要はありません。**大切なことは「特別な価値を提供する」と自分に言い聞かせることです。**あなたは、そのように振る舞えばいいだけです。

これは、営業マンの顧客対応にも似ています。「御社は多くのお客さまの中の1社にすぎません」という印象を与えたら、いずれお客さまは去って行くでしょう。水商売のホステスにも同じことがいえるでしょう。「アナタは多くのお客さまの中の1人にすぎないんです。文句があるならもっとお金を落としてください」などと言われたらお客は怒りを感じるはずです。実は、読者も同じです。

だから、「あなたへの特別な価値を提供する」ことを意識してください。これはライティングのテクニカルスキルではありません。マインドの問題です。「あなたへの特別な価値を提供する」ことを考えていたら「御社は多くのお客さまの中の1社にすぎない」「アナタは多くのお客さまの中の1人」なんて言葉は出て来ません。相手と真摯に向き合うことを常に意識しなければなりません。

POINT

読者は読まずに勝手に解釈する。しかし、彼らが投票権を持っているのは紛れもない事実。真摯に向き合うために「あなたへの特別を提供する」ことを意識しよう。

第5章

誰に向けて、何を書くか？何を書かないか？

そもそも「読者目線」とはなんなのか？

●ポイントは「適切な言葉」と「ベネフィット」

読者目線の定義はいくつかあると思いますが、次の2つを押さえておくことである程度の読者目線は担保できるようになるはずです。

①読者層に適切な言葉で伝える

読者に理解できる平易な言葉で語られていることが大切です。専門用語やカタカナ語が多すぎると知識がおぼつかない読者にはまったく理解できません。理解できないと共感もわきません。**共感がわかないことがイコール「あなたの評価」になりますから、注意が必要です。**

では、「平易な言葉で埋め尽くすのがいいか」というと、決してそうではありません。知識がある読者からすれば「こんなことは知っている」という評価がくだされます。

結局は「頃合い」が大切になりますが、専門用語はそのまま使い注釈で解説するなどの配慮が必要です。頃合いは書いているテーマと読者層のバランスで確定します。そのためにも、自分の読者層を把握しておくことが大切です。参考までに私の読者層は、30代～40代、会社員、男性で7割が構成されています。

②読者のベネフィットが明確か？

ベネフィットには、「利益」「恩恵」という意味があります。読者にとってのベネフィットは大きな意味を持ちます。

ベネフィットをもう少しわかりやすく説明します。
読者の欲求を高めるには、「すぐできる」「簡単」などのベネフィットが必要になります。人は楽をしたい生き物なので「難しい」と思われてしまうと、ハードルが高く感じてしまいます。
これは過去に流行したキャッチコピーなどをみれば明らかです。『レンジでチン』（クックパッド）、『ブレスダイエット』（3秒息を止める）などは有名です。

「メリットのある情報」も重要な要素になりますが、ノウハウでもあるので無理に提供する必要はありません。むしろ、取りかかるハードルが低いということをイメージさせたほうが読者にとっては響くはずです。

「今日からできる」「誰でもできる」などはハードルを下げるための効果的なベネフィットです。このようなハードルを下げるためのベネフィットは覚えておくとよいでしょう。
ほかにも、「東大脳」（東大に入れるレベルの脳を簡単に手に入れる）、「ビリギャル」（学年ビリから有名大学に合格した女子）、「医師（弁護士）だけが知っている～」（専門家の情報が簡単に手に入る）などがあります。実際の再現性はさておき、このような表現は読む人に伝わりやすいのです。

●わかりやすいのはどっち?

この2つの要素を適当に表現することが大切です。
たとえば、次の2つの情報を見てどのように感じますか？

A　タウリン2000mg配合
B　コレステロール値を下げて肝臓の機能を高める

ドリンク剤の宣伝にはタウリンが含まれていることがウリになっていますが、タウリンの効能を理解して購入している人は少ないでしょう。

厚労省の「e-ヘルスネット」には「タウリンには、コレステロールを消費してコレステロールを減らす、心臓や肝臓の機能を高める、視力の回復、インスリン分泌促進、高血圧の予防など、さまざまな効果がある」と書かれています。この説明をさらにわかりやすく解説したほうが伝わりやすいでしょう。

読者目線を整理したら、それを伝えるための書き方にしなければなりません。

POINT

書く前に「①読者層に適切な言葉で伝える」「②読者のベネフィットが明確か？」をよく考える。読者目線が整理できたら、伝えるための書き方に落とし込む。

文章から「あいまい」さを排除しよう

●数値に置き換えることでわかりやすくする

第3章の「06 「伝える」には主語を明確にせよ」(82ページ)では主語を明確化することであいまいさを排除できることを説明しました。ここでは主語以外に文章があいまいになってしまうケースについて解説します。

〈注意したい形容詞の多用〉

文章をあいまいにする原因の1つに、形容詞の多用があります。

たとえば、次のような表現です。「かわいい」「甘い」「優しい」「きれいな」「あざやかな」「つぶらな」などの形容詞のオンパレードは抽象的で具体性が感じられません。

日本語には形容詞が多く、「い形容詞」「な形容詞」に大別されます。「かわい(い)」「甘(い)」「優し(い)」は「い形容詞」です。「きれい(な)」「あざやか(な)」「つぶら(な)」は「な形容詞」です。覚える必要はありませんが、関心のある人は日本語の文法本などを読んでみるといいでしょう。

次の例文をお読みください。

> ある公共団体の入札に政治家Aが関係しているというスクープがN週刊誌に掲載されました。「政治家Aはすぐに

入札会議議事録を用意するとN週刊誌に対して約束した。後日になり政治家Aから『適切に対応した』との報告があった」。

このような表現は、人によって捉え方が異なります。なので、避けなければ

政治家Aはすぐに（1週間以内）に資料（入札会議議事録）を用意するとN雑誌社に対して約束した。後日（1カ月後）になり「適切に対応した」との報告があった。

このような**具体的な数字に置き換えて、誰が読んでも同じ理解ができる文章にしなければなりません。数値に置き換えることで認識の相違を防ぐことができます。**

〈形容句が複数の単語にかかっている場合〉

次に、どちらにも受け取られる文章は単語にかかる形容句がどちらにも受け取られることから発生します。使い方は若干難しくなりますが覚えておきたいものです。

〈ケース①〉
このイベントは国と農水省に指定された県内の和菓子の日本文化を広く知ってもらうために毎年、京都府が開催しています。

国と県内の位置付けはわかりません。さらに、県内のすべての和菓子が農水省に指定されているのか、県内の和菓子のうち農水省が指定したものを指しているのかがわかりにくいです。和菓子をわかりやすく解説するか、何種類の和菓子が指定されているかなどを示す必要があります。

●「あいまい」はいたるところにある

〈ケース②〉
短時間の研修を経たあと、田中さんは都内の工務店の設備部門に配属になりました。

短時間が、通常の研修と比較して短いのか比較できません。このような場合は、短時間は1カ月、通常は2カ月などの時間軸を解説したほうがわかりやすくなります。

〈ケース③〉
専門家の分析では，現場の地域には1時間で100ミリの降水量があったと見られています。

1時間に100ミリの降水量があることはわかるものの、1時間で降水が終わったとも解釈できます。

この場合、「毎時100ミリの降水」としたほうがより明瞭でしょう。新聞社や省庁発表の文章には「毎時◯◯ミリ」と表記されます。このほうがはるかに明瞭です。

POINT

具体的な数値が入っていない文章は、あいまいになりがち。認識の相違を防ぐためにも数値を明瞭化することが必要。また、形容句が複数にかかっていると、受け取り方も複数になるのでわかりにくくなる。

逆張りの視点、順張りの視点

●大反響を呼んだ「24時間テレビ」の論考記事

これは、日本テレビの「24時間テレビ」のチャリティー活動を論考した記事です。「24時間テレビ」は何かと物議をかもしますが、私自身の経験や活動を踏まえたうえで解説しました。結果的にかなりの反響を呼ぶことになり、このときにはシリーズ化して5回投稿しています。特に反響が大きかった、「24時間テレビが偽善でないことを解説しよう」（2016年09月01日）の記事から引用します。

> 障害者支援などの活動をしていれば分かることだが、障害者は、日々、好奇の目に晒されている。だから、押し付け、お涙ちょうだい、見世物などと評するのは、失礼極まりなく大きなお世話なのである。
>
> 昨年、ハフィントンポストに掲載されたダウン症の娘をもつ、キャロライン氏のメッセージに注目が集まった。「これが私の娘、ルイーズです。娘は生後4か月で、2本の腕、2本の足、2つの素晴らしいふっくらした頬、そして1つの余分な染色体があります」。
>
> キャロライン氏は「ダウン症」の子を可哀想だと決めつけることで、多くのダウン症を持つ親が苦しんでいるのだと

訴えた。

一般的にはこのような記事は書かないかもしれませんが、これは世論（番組批判）に対する逆張りのメッセージです。当時の議論の方向性は「番組は正しい」「番組は間違っている」、という2つの論点でした。

私はあえて、「番組は正しい」「番組は間違っている」という問題ではないことを問いかけます。さらに、「皆さんはなんらかの活動をしたことがあるのですか？」と問い、もし活動の経験がまったくないのなら「論じる資格すらありません」とまで言い切りました。また、最後に「障がい者」ではなく「障害者」と表記する理由について記載しました。

私は表記について「障害者」を使用している。「障がい者」は使用しない。過去には、多くの障害者が権利を侵害されてきた歴史が存在する。それらの歴史や言葉を平仮名にすることで本質をわかり難くする危険性があるため「障害者」を使用している。

結果的に、賛否を含めて大きな反響がありました。

多くの人と反対の主張をするとインパクトが増してきます。さらに、自分の中で「自信のある根拠を用意しておく」ことは、説得力につながります。多くの人にメッセージが届くことで自信にもつながります。

●「逆張り」「順張り」のどちらにする?

では、「順張り」とはどのようなものでしょうか?

もともと、「順張り」「逆張り」は株式取引や先物取引の相場トレンドを表す用語です。相場トレンドに合わせた取引をすることを「順張り」、相場のトレンドの反対の取引をすることを「逆張り」といいます。今回の、24時間テレビの記事は世論の動向とは逆ですから「逆張り」になります。

私の場合は、圧倒的に「逆張り」が多くなります。世の中に発信する以上、常に問題意識を持つようにしています。問題意識をベースに咀嚼(そしゃく)して記事を構成しますから、そもそも「順張り」は考えられないのです。

皆さんも記事を書く際には、スタンスを決めたうえで書くとよいでしょう。**最もダメなのは「どっちつかず」です。**

POINT

文章の「逆張り」「順張り」について理解しよう。あなたが世の中に訴えたいことがあるならば、「逆張り」「順張り」のどちらかに寄せる必要がある。ダメなのは「どっちつかず」。

ネットで「注目される」ことを支える不可欠な力

●文章力がなくても文章は書ける

ネットには文章力よりも大切な要素がいくつかあります。書き出すと、多くの人は「文章力がなくても書ける」ことに気がつくはずです。文章の専門家でなければ書けないなら、極論すれば日本語の専門家以外は書けないということになりますが、実際はそんなことはありません。私が、文章術の本を初めて出したときに同じようなことを感じました。

文章術の本は専門家でなければ書いてはいけないのではないか？専門的に文章を習った経験はない。こんな私に文章術の本を書く資格があるのか？

これは、拙著『あなたの文章が劇的に変わる5つの方法』を出版する前に、考えたことでした。担当編集者のＫさんからは次のように言われました。

「尾藤さんにはネット記事を書いている豊富な経験がある。文章の専門家には、国文学の先生、文法の専門家などがいるが、彼らの本が売れるわけではないし、読者にとって知りたい情報であるとも言えない」

結果的に、この本を出したことで文章術の専門家として認知されるようになりました。文章術に関する著書も増えました。ですから、専門的に書いた経験がないあなたでも心配することはないのです。実際、私がそうでしたから。

●「情報収集力＋理解力」を身につけて「なぜなに5回」を徹底する

まず最初に2つのポイントを押さえましょう。

①最も重要な理解力

ニュース記事を書くために大切なことは「情報収集力＋理解力」です。執筆者が正しくニュースを理解できていないと読者に誤解を与える可能性があるからです。理解をしたら執筆に取りかかりますが、可視化できていないものはニュースになりません。

さらに、ニュースの要約だけでは単なるサマリーです。「足りない情報は何か？」「深堀りするにはどうすべきか？」を考えるのが肉付けの部分です。この肉付けがうまくいかないと、スカスカの文章になってしまいます。読者が納得する適度な文章量が求められます。

②「なぜなに5回」の徹底

カイゼンを世界中に広めたトヨタ生産方式の一環として、問題を発見したら「なぜを5回繰り返す」というものがあります。問題の再発を防止するために、発生した事象の根本原因を徹底的に洗い出すための考え方です。

足りない情報を見つけるには、「情報を疑うこと」をしなければいけません。わかりやすく言うと「裏取り」です。たとえば、海外の情報であれば原文で読んでみる、ソース元にコンタクトするなどが挙げられます。こうした作業を徹底すれば、フェイクニュース（デマや誤報）がすぐにわかるようになります。

〈応用力が身についてくる〉

「①最も重要な理解力」＋「②なぜなに5回」を徹底できるようになると、応用力が身についてきます。あなたが、ニュース記事などを書く立場になったときには、気をつけなければいけないことがあります。それは、ニュース記事などに不適合な分野があるということです。スピリチュアル、占いなど、人によって解釈が異なるものはニュースとして好まれません。

でも、どうしても載せたいネタがあったとします。こういうとき、あなたはどうすればいいのでしょうか？

スピリチュアル、占いなどは、独りよがりで自己主張に満ちあふれています。もし、このようなテーマを取り上げるなら、表現を大幅に変えなくてはいけません。

次の文章を読んでみてください。

> 黄色が金運を呼ぶ色であることはよく知られています。お金持ちになりたければ財布や持ち物は黄色で統一したほうがいいという話は誰もが知っています。間違いなく運気が向上するはずです。
> 本場の中国や台湾でも黄色はお金を象徴する色として知られています。このような風水の考え方は長い歴史の中で蓄積されてきた、幸せになるための教訓なのです。そして財布は長財布を使用するようにしましょう。

まれに、ニュース記事に上がっているような内容ですが、まったく客観性が担保されていないのでこれでは不十分です。この文章に客観性を持たせてみます。

黄色が金運を呼ぶ色であることはよく知られています。中国や台湾でも黄色はお金の象徴色ですが、黄色の財布に人気が集中するようなことにはなりません。色には意味はありますが、人によっては黄色がアンラッキーカラーになることがあります。
中国や台湾には風水専門の大学があり卒業することで風水師の資格を取得できます。風水は人生訓、生きていくうえでの哲学を表しています。長い歴史の中で蓄積されてきた教訓です。

このように書くことで、かなり客観性が増したと思いませんか。歴史観や、中国や台湾での考え方を紹介することで、グッと説得力が高まります。これならば歴史観のニュース記事として掲載することができます。

応用力が身につけば、アンタッチャブルなネタでも料理の方法によっては掲載できるようになります。

POINT

最も重要なのが理解力と、間違わないために自問自答する「なぜなに5回」である。この2つができるようになれば、応用力が身についてくる。

根拠はあるか？　自信があるなら強く言い切れ

●強く言い切ることで成功した就活記事

文章を書く際には、「客観性」「明瞭さ」が求められます。視点がかたよりすぎていたり、極端に歪曲(わいきょく)したものは好ましくありません。次のケースは、私が「言論プラットフォーム・アゴラ」に投稿した就活に関する記事です。まずはお読みください。

「企業の採用と学生の就活」の双方にたずさわった私の経験から言うと、学生が自己分析することに力を注いでも、就活でほとんど意味がありません。学生が真剣に取り組んだ自己分析が、ほかの学生と一線を画するほどのオリジナリティに溢れていることはまずないからです。有名な大会で成果を残しているなど、誰もが実績として認めて数値化できるようなものでない限り、企業にとって学生の経験や実績は魅力的ではないのです。

就職情報サイトは、企業が掲載料を支払って登録し、その対価として学生を自社にエントリーするように誘導するサービスです。企業の実態を伝えることや、学生が欲している情報を伝えることを目的としているわけではありません。エントリーシートは業種別に数バージョンを用意して、基本は企業名を変えるだけで使用可能なコピペエントリーシートで充分です。私が、多くの就活講座やセミナーで「就活のエントリーシートはコピペで充分」と訴えるのにはこのような理由があるからです。

この文章は、次のような意図を持って書きました。

事業で成功して社会的に地位のある人でも、自己分析ができていない人はいます。自分の軸がない人もいます。それ自体は悪いことではありません。軸を持たずに、自分のやりたいことや思考を目まぐるしく変化させるのは、世相や時代環境に合わせて変化していく柔軟な思考力を持っているともいえるわけです。

●根拠をしっかり提示することで批判を避けられる

また、人気企業でなくても上場企業であれば、相当数のエントリーが殺到します。採用数にかかわらず、人事担当者は数名が一般的です。仮に2名として1万人のエントリーシートを読むのにどの程度の時間がかかるのか計算してみましょう。

1枚1分として、採点までを含めて、1時間でこなせるのは30枚程度です。1日の実働8時間として考えれば、240枚。1万人のエントリーシートを採点するには41日もかかる勘定になります。1カ月の稼動を20日とするなら、ざっと2カ月です。2名でこなしたとしても1カ月はかかります。これは、ほかの業務を一切せずにエントリーシートの採点のみに費やすだけで、その程度の時間がかかるということです。

このように根拠を示したうえで、最後に次のように結びました。

すべてのエントリーシートを読むことは非効率ですから、スクリーニングをしなくてはいけません。学校名や写真映りなどによるスクリーニングです。あなたが企業にとって意中でない学生ならふるい落とされる可能性が高いということです。

この論調は、採用企業を批判したことに加え、就活の裏側をつまびらかにしたことから大変話題になりました。これくらい言い切るとよほどの間違いでない限り、批判はしにくくなります。

POINT

伝えたいことに自信があるならより根拠を明確にする。反響に応じて批判も増えるが、間違いなく肯定的な読者も増える。ひよってはいけない。

公的データを押さえておけ。反論にはデータを活用する

●データを読み解くことで新しい視点を提示する

次はデータを効果的に活用した事例です。この記事は、大学生の学力低下を唱えるオピニオンに対しての反論です。私が実際に調査をしたところ、上位の学生の偏差値は、今も20年前も変わらないことが明らかになりました。大学の入学定員が変化しないで少子化が進んでいる以上、どの大学においても学力が低下したと感じるのは当然であることを、文科省や厚労省のデータを交えて論考しています。

1990年、18歳人口は約200万人でした。その中で大学に進学するのは35%（約70万人）いました。現在の18歳人口は120万人ですから、1990年と比較して約6割に減少したことになります。しかし進学率は、58.7%（約70万人強）に増加しており、さらに大学数、学生数ともに増加傾向にあります。18歳受験生の学力レベルは、1990年と2010年を比較してそれほど変化はありません。
大学の入学定員が変化しないで少子化が進んでいる以上、どの大学においても学力が低下したと感じるのは当然です。学力が低下して見えるのは、少子化に連動して大学の数や定員が減っていないからです。1990年と2010年を対比させても低下しているとはいえません。

近年でも、日本では子どもの学力低下が問題視されることがあります。文部科学省は「学力低下」の原因とされた「ゆとり教育」からの政策転換を行ない、新学習指導要領が実施されています。また、「学生の質が低下している」という話をよく聞きます。学生の質の定義をどのように捉えるかですが「学力」という観点で見るなら学生の学力は低下しているわけではありませんでした。偏差値については、1990年と2010年を比較すると、偏差値が低くなるほど開きがあることが明らかになりました。

●エビデンスを活用して説得力を高める

さらに、SPSSという統計解析ソフトを使用して分析を試みた結果、1990年の偏差値45が、2010年の偏差値35に該当することがわかりました。1990年に偏差値45未満になると2010年の偏差値にはひもづけができなくなりました。数字上のデータで解説すると、2010年に偏差値45未満の学生は、1990年では大学に合格できません。

これは、少子化により18歳人口が減ったにもかかわらず、大学進学率は高まり、大学の数も増えた結果、1990年当時であれば大学進学をしなかった層が大学に進学していることが要因です。このようなデータや分析結果を交えた論考は説得力があります。さらに反論するには、根拠のあるエビデンスを用意しなければいけなくなるからです。**エビデンスとして評価できる上質な情報（公的機関、シンクタンクなど）のを活用し主張することで重みが増してきます。**

POINT

私は記事を投稿する際、根拠となるソースは必ず情報源として押さえるようにしている。手間はかかるが結果的には自分自身を守ることにもつながる。

読ませるためのレイアウトはとても重要

●一文40文字以内、一段落140文字程度が適切

たとえば、紙の本をぱらぱらとめくったとき、「読みやすそう」と思うものと、「読みにくそう」と感じることはありませんか？その違いは、レイアウトによるものです。読みやすい文章は、改行、段落、行間を適度に空けています。**書く内容も大事ですが、デザインレイアウトにも気を配りましょう。**

文字だらけの文章は読む気が半減します。1行20文字程度で表示されるスマホ画面では、文字が多くなると画面がいっぱいになってしまいます。「その記事がどうしても読みたい」のであればいいでしょうが、そうでなければ、冒頭の一文すら読まれない可能性が大です。

読みやすく改善するためには、一文は40文字以内、文章のひとかたまり（段落）は140文字程度に押さえて、改行する――たったこれだけのことで、適度に行間が空いて、文章がとても読みやすくなります。

●媒体ごとに適切なレイアウトは異なる

文章レイアウトは、紙の書籍とWebページで異なります。紙の書籍は、段落ごとに1マスあけますが、Webサイトでは、基本的にはすべて左揃えで統一します。同じWebサイトでも、ニュース記事はあまり行間を空けず、約140字で改行し、1行空けて次の文章を書きます。ブログやメルマガなどは、1文書くごとに改行、1行スペースを空けて次の文章を書きはじめます。文章を投稿する場所によって、使い分けます。

紙の書籍の場合は、文字は基本的に縦書き。1行あたりの文字数は40文字程度です。おおよそ2、3行ごとに改行をします。それによってページ下段に余白ができます。紙の場合は、話が一段落したところで、1行空けて余白を作ります。

こうすることによって、適度に余白を作りつつも、集中力を切らすことなく読みつづけることができます。

Webサイトの記事は、パソコンとスマホで読まれることが前提にデザインを組みます。このとき行間が空きすぎていると、最後まで読み切るまでに何度も画面をスクロールしなければいけなくなります。

ブログに関しては、逆に文字がぎっしり詰まっていると、息苦しさを感じます。なぜなら、ブログなどは、リラックスした気分で読みたいからです。こんなときは、余白が多いほうが読まれやすいのです。

文章の内容も大事ですが、それ以上にレイアウトも大事です。一度、自分の文章のレイアウトについて、見直してみましょう。

POINT

紙媒体、Web媒体、ニュース記事、ブログ記事。それぞれ読む局面と目的、読者層も異なる。目的に応じたレイアウトを心がけること。

「わかりやすい言葉」を使う

●難解な言葉はなるべく使わないようにする

文章力のある人は、難解な言葉を使わずに説明する技術に長けています。文章のプロですから当然でしょう。しかし、文章力がともなわない人が意味を理解せずにマネることはおすすめしません。理由は自分の血肉になっていないので継続性がないためです。

私は難解なことをわかりやすく書くことに慣れていると思います。それは政治家の秘書だったときやコンサルティング会社に在籍していたとき、その業界における独特の言い回しや専門用語を「どのように言い換えれば普通の人たちに伝わるか」を考えつづけていたからだと思います。特に議員秘書時代に、難解な役人の文章を平易にするトレーニングを積んでいたのは、今でも役に立っています。

難しい言葉、専門用語はわかりやすく書き換えるニュースを見ていてもわかりますが、政治家は、わかるようなわからないような独特の表現を使います。たとえば、「虚心坦懐」「遺憾の意」「真摯に受け止め」、数年前に話題になった「忖度」など、政界ではそれ単独では意味がわからない言葉が当たり前のように使われています。メディアに説明する際には、その都度、わかりやすい言葉に置き換えなければなりません。

たとえば、「結果は厳粛に受け止め有権者の皆さまと虚心坦懐に向き合っていきたいと思います」という発言は次のように修正しなければいけません。「この結果を厳しく受け止め、国民の皆さまと向き合っていきたい思います」。

意味の解釈を変えたのは2カ所あります。1つが有権者を国民に変えました。政治家（特に国会議員）は国民の付託（ふたく）を受けていますから、有権者では「選挙区のことしか考えていないのか？」と指摘されてしまうでしょう。「虚心坦懐」には「わだかまりがなくすっきりとした気持ち」という意味があります。これをそのまま「国民の皆さまとわだかまりなく向き合う」と訳すると「わだかまりのない向き合い方とは何なのだ」と指摘された際に答えることができません。

●専門用語、業界用語は一般的な言葉に置き換える

専門用語やその業界では普通に使われている言葉は、慣れてしまうと正しい意味を理解せずに使ってしまうことがあります。私は、1つ1つ意味を確認しながら、独特の言い回しを平易な言葉に置き換えて、ノートに整理していました。このようなトレーニングは、次のステップとなったシンクタンクやコンサルティング会社でも非常に役に立ちました。

皆さんも、**言葉を使う際には自分のものにして（意味を理解したうえで）使うようにしてください。**難しい言葉に出合ったら面倒くさがらずに検索エンジンや辞書を使って意味を調べるクセをつけてください。私は今でも気になった言葉はすぐに書き写すようにしています。

難しい言葉、専門用語、業界用語はなるべく一般的な言葉に置き換える。また、難しい言葉、知らない言葉に出合ったら辞書で調べることをクセにしておく。

第6章

文章は書く前の準備が9割

ひと言で相手との距離を縮める

●相手を乗り気にさせる表現とは?

ビジネスにおいては社内では飲み会、歓送迎会、忘年会、社外では製品やサービスの発表会、記念祝典などさまざまなイベントがあります。しかし、毎日忙しく仕事をしている中で、気分の乗らないお誘いには誰からも興味を示してもらえません。お誘いをする場合、「あっ、行きたいな」「行ってみようかな」と受け取り手に思わせることが大事です。

取引先を交えて一献もうける際、あなたならどのようなお誘いメールを送りますか？　次に挙げる例文で気持ちが入っているように感じるのは、どちらのお誘いでしょうか？

〈例1〉
7月26日、取引先のXYZ商事の井上専務をお招きして一献もうけることになりました。お店は和食を予定しています。皆さまのご都合のよい日程をご連絡ください。

〈例2〉
7月26日、取引先のXYZ商事の井上専務をお招きして一献もうけることになりました。当日、宴席を予定している魚銀亭は、魚河岸直送の新鮮な魚介類と、全国の蔵元から取

り寄せた1000種類の日本酒が用意されています。特に、
幻の日本酒といわれている北霞プラチナラベルは、知る人ぞ知る一品です。今回は特別に用意していただきました。
皆さまのご都合のよい日程をご連絡ください。

ひと言添えるだけで印象が異なることがわかると思います。このひと言が文章をいっそうわかりやすくさせます。時候のあいさつだけで終わらせるのではなく、相手との距離を縮めるひと言を添えましょう。

●相手の心に刺さる小さな気づかい

ひと言の例をいくつか挙げましょう。

〈ひと言添えると粋な言葉〉
・あの◯◯先生がお飲みになっている一品です。
・このたけのこは今秋とれたばかりの旬の品です。
・毎年100本しか発売されない限定ワインを入手しました。

〈両親に宛てて〉　※両親の健康を案じる内容がベター
・年末に帰省します。そのときを心待ちにしています。
・私が元気でいられるのはお父さん、お母さんのおかげです。感謝いたします。
・健康に留意して元気にしていてください。

〈友人に宛てて〉 ※メール感覚でいつもと同じ調子で

・久しぶり、お元気ですか。元気いっぱい笑顔の毎日をすごせますように。
・またお会いできますときを楽しみにしています。
・今年こそ再会したいですね。それまで精進を続けます。

〈お世話になっている目上の方へ〉 ※堅苦しくなく

・今後とも指導のほど、よろしくお願い申し上げます。
・いつも温かいご声援をありがとうございます。一生懸命がんばります。
・お心づかいを感謝します。ご期待に応えていけるよう努力いたします。

このひと言で、文章の価値も上がります。**相手の気持ちに配慮することは簡単ではありませんが、気づかいは小さなものでも心に刺さるもの。**自分が受け取った場合をイメージして、工夫をこらしてください。ひと言添えはあらゆる場面で活用できます。

POINT

文章にひと言添えてみよう。相手との心が通い合い、仕事がうまくいくようになる。メールや手紙にも使えるので、いくつかのパターンを用意しておくとよい。

「結論ファーストの原則」とは何か？

●ビジネス文書の基本は「最初に結論を書く」

私たちは社会生活を送るうえで日常的に書くことをしています。あなたが、会社員ならビジネス文章の重要性について十分に理解しているでしょう。ビジネス文書は日常的に送るメールなどとは異なり、書き方を間違えると自らの評価はおろか、取引先や、上司、同僚など周囲に多大な迷惑をかけてしまいます。

そのため、最初に基本スタイルを覚えてしまいましょう。基本スタイルとは、文章の構成要素のことです。

たとえば、上司への提案書、顧客への提案書、稟議書、謝罪文、始末書など、すべての文章には必要とされる要素があるので、それを覚えてしまうことです。また、ビジネス文書の場合、「最初に結論を書く」ことがマナーとされています。

会話をしていて、なんの話かわからなかったり、意味が通じないと聞く側はストレスを感じます。文章も同じです。要点がわからない内容をだらだら続けてもまったく伝わりません。そうならないためにも、結論から書くことが望ましいとする意見が多数です。

●「結論ファースト」の2つのメリット

これには2つの理由があると考えられます。

1つ目の理由としては、読者への配慮があります。読者は時間をかけて文章を読みます。相手の大切な時間を奪っていることになりますから、**要点をシンプルに伝えなければいけません。**一番伝えたいことを最初に読ませることで読者は丁寧に読むべきかどうか判断しやすくなります。短時間で文章を理解しますので、忙しい人にも読んでもらえる可能性も高くなります。

2つ目の理由が正確性です。結論から伝えることで、筆者の意図や目的を理解してもらえる可能性が高まります。文章の概要をつかめ、あとにある説明を飲み込みやすくなるからです。長々と続けられると、何を伝えたいのか相手には伝わりません。正確に伝えるためにもムダをなくして結論から伝えることが大切です。

結論から伝える際は、伝えたい内容をシンプルにします。いっぺんにたくさんのことを伝えようとしても、読者には伝わりません。そのため、何について書いているのかを示す「タイトル」が大きな意味を持ちます。タイトルがあれば、読者は読みはじめてからそれがなんの話なのかを考える必要がなくなるからです。

「結論ファースト」にすることで、自分が「最も伝えたい主張」をくり返し主張することができます。**結論から文章を書けば、1つの文章の中で、何回も読ませることが可能です。読者は、自然に「その主張」を受け入れやすくなる効果があります。**

POINT

ビジネス文章の場合はフォーマットが決まっているので書き方を覚えてしまおう。共通した書き方は結論ファースト。結論ファーストは主張を「強調」できる！

「結論ラストの効果」とは何か?

●結論を最後に持ってくることで読者の理解を深める

日本では、最後に結論を読ませる書き方が一般的です。映画、ドラマ、小説のクライマックスは最後です。学術論文や研究発表資料も構成は同じです。
「結論ラスト」の文章は、データや理論などを提示し、その先にある結論を導き出していきます。読者を興味を誘う方法なので、最後まで読んでもらえるなら、「結論ファースト」よりもずっと理解が深まります。

この文章は、読者がすでに関心を持っていたり、商品やサービス内容について知識がある場合に適しています。このときに「結論ファースト」を使うと、読者はいきなり結論を求められている（押しつけられている）という錯覚におちいります。その結果、読者が不快感を感じると、そこで読むことを断念してしまいます。少しずつ、知識を深める「結論ラスト」のほうが、丁寧な方法と考えることができるでしょう。

「結論ラスト」が比較的万能型であるのに対して、「結論ファースト」には適さない場面が多いことも覚えておいてください。
たとえば、冠婚葬祭などの儀式的な場面やシーンは、フォーマルな順序として理解されやすい「結論ラスト」のほうが受け入れられやすいでしょう。また、女性は共感力が男性よりも高いので、そのときの「感情」を実感できる、「結論ラスト」のほうが圧倒的にスムーズです。

あとはテクニカル要素ですが、結論が一般的である場合、「結論ラスト」がスムーズです。
逆に一般的でない場合（たとえば、「海がピンク色」「新発売のイチゴが紫色」など、通常では考えにくいケース）は、「結論ファースト」のほうが断然インパクトがあります。「そんなはずはないのでは！」とビックリした人は、その理由を知りたがるでしょう。

●結論をまとめる2つのパターン

「結論」とは最後を締めくくる、まとめの部分です。文章を書いたらどんなに短くてもよいので（1行であっても）、結論としてまとめておくことで収まりがよくなります。今回は、すぐに使えるパターンを2つ紹介します。

①序論のパターンを繰り返す

序論や本論で述べている主張を繰り返して締める。記事を書く場合、最初（序論）で主張を書くことが多いでしょう。同じ内容のものを最後に繰り返すことで主張がはっきりと現れます。文章全体の一貫性も担保できます。

～○○の理由により、△△には賛成／反対／さらなる検証が必要である。

②自らの意見を総括として述べる

賛成／反対など、伝えたいことが明確でない場合は意見を述べるといいでしょう。ただし、文章のトーンと異なる意見だと整合性がなくなりますので注意してください。

〜○○の理由により、私は△△だと考えている。

〜この問題は○○である。さらなる精査により△△が導き出されると考えている。

POINT

少しずつ、読者の知識を深める「結論ラスト」の文章は万能型といえる。「①序論のパターンを繰り返す」「②自らの意見を総括として述べる」の2パターンがあることを覚えておこう。

読者を引き寄せる抑揚のテクニック

●山あり谷ありの文章で読者をワクワクさせよう

テレビのバラエティ番組で、著名人の人生紹介をする番組がありますね。これらが人気なのは、人生は誰でも順風満帆なだけではないからです。**「上がって、下がって、再び上がる」―― そんな浮き沈みが人の気持ちを揺り動かし、共鳴させるのです。**

孤児院で育ち世界的デザイナーになったココ・シャネル、「サル」と呼ばれながら天下取りに近づいた豊臣秀吉、もともとはお姫さまではなかったシンデレラや白雪姫などのプリンセスも同じです。トントン拍子で進んだのではなく、幾度もの失敗や裏切りなど、遊園地のジェットコースターのように山や谷があるからこそ人びとに愛されるのです。

文章にも山や谷をもうけて、読者をワクワクさせるような抑揚がほしいと思います。それでは、どのようにして抑揚をつけるか、ポイントを説明しましょう。まずは、平板になってしまっている例文を見てください。

〈例1〉
1990年、私は東京の多摩市に生まれました。小さい頃はやんちゃ坊主でいたずらを仕かけては大人たちに怒られてばかりいました。中学生のときに父が亡くなり工場が閉鎖、多額の借金だけが残りました。早くから家計を助けたかった私は工業高校卒業後は自動車整備工場で働きはじめました。2年後には、幼馴染の同級生と結婚して、昨年、初めての子どもが産まれました。

彼がどのような人生を送ってきたかはわかりますが、この文章では心を揺さぶられることはありませんね。では、次のように修正してみたらどうでしょうか。

〈例2〉

1990年、私は東京の多摩市に生まれました。小さい頃はやんちゃ坊主。「バカもん！」と大人たちから叱られてばかりいました。そんなガキ大将だった私を変えたのが、中学生のときに迎えた父の死です。工場が閉鎖、多額の借金だけが残り毎日のように借金取りが自宅に押し寄せました。

「泥棒！」「恥を知れ！」などひどいビラを近所に張られました。母親や兄弟を守らなくてはならないと思った私は、工業高校卒業後に近所の自動車整備工場に就職します。2年後には幼馴染の同級生と結婚して、昨年、初めての子どもが産まれました。みんなに愛されてほしいという思いから「愛子」と名づけました。いま、家族3人で幸せに暮らしています。

〈例2〉では、途中に「バカもん！」とカギ括弧を入れたり、文末に体言止め（文末に名詞や代名詞を使うこと）を用いたりすることで、文章のリズムに変化をつけています。この簡単な変化も抑揚の1つです。

ドラマチックな内容だけが抑揚ではなく、表現にちょっとした変化をつけるだけでもリズムは生まれます。

●友だちに話しかけるつもりで書いてみる

変化を考える際に、私がときどきやっている手法は、しゃべるつもりで書くことです。皆さんも、とても面白いことがあり、それを誰かに伝えたいという場合、どのように話せば盛り上がるか、ある程度整理して話すのではないでしょうか？

そして、相手の反応を見ながら、「どうなったと思う？」などと途中で質問を投げかけたり、話にオチをつけたりするかと思います。その要領です。文章も同じように書く前に、友だちに話すつもりでポイントを挙げながら、展開を考えてみてください。

POINT

平板で一本調子の文章は読者に飽きられる。抑揚をつけながら文章を盛り上げてみよう。会話と同じで話にオチのつけ方がポイントになる。

読者に響きやすい「つかみ」を考える

●最初にフックをかけないと読まれない

人前で話をするときなども同様ですが、文章でも読み手の心をつかむためには「つかみ」、つまり文章の最初に置くフックが大事です。**最初の数行で読み手の心にフックがかからないと読んでもらえません。**フックで相手の心をつかみ、心を刺激をすることが重要なのです。

導入部分で、「あれっ？」「何だろう、これは？」と思えるような事実や数字を入れることで読者を誘い、次の一文へと誘導します。私はさまざまなサイトで記事も執筆していますが、その際、タイトルや冒頭に、読者にフックがかかるポイントを用意しておきます。これまで反響のあった記事の見出しをいくつか挙げてみましょう。

○シュークリームはダイエット食である
○上司の言葉の暴力を“バラ色”に変えて乗り切る方法
○「的を得ない」「的を射ない」正しいのはどちらなのか
○「1分の遅刻」はいくらの損失なのか!?
○無地とチェック。デキる人のワイシャツはどっちか？

いかがでしょうか？
どの記事も非常に多くの方に読んでいただきました。シュークリームとダイエット、暴力をバラ色に、など意外なキーワードの組み合わせや、普段の行動に関するドキッとする提案など、見出しだけで記事へと誘導するようフックをかけていきます。

●フックをかけたらきちんオチをつける

ただし、「フックが大事」といっても、そればかりに意識が向くと、過剰な書き方になったり、内容がともなわない文章になってしまうので注意してください。また、フックをかける際には全体のストーリーと最後のオチ（締めの言葉）をイメージしておく必要もあります。

なぜなら、記事全体で何を言いたいのか、何を主張したいのかをはっきりさせないと、表現だけに走ってしまうからです。

フックをかけることは、特別な場面だけではありません。さまざまな商品やサービスがあふれている時代、相手に「おっ！」と思わせる何か、つまりフックがないと話を聞いてもらうこともできません。**まずフックで読者の心をがっちりとつかむ。そして相手が読み終えたあと、「そういうことだったのか！」と納得してもらう。**それが相手の心を刺激し、行動へと移らせることのできる文章を書く秘訣です。

POINT

読者に最初の数行で関心を持ってもらえないと続きを読んでもらえない。相手の心をがっちりつかむフックに全力を傾けよう。

人びとの関心が高い話題を用いてみる

●みんながモヤモヤしていることをシンプルに述べる

前項で、読者にフックをかけることの重要性について解説しました。フックをかけるテクニックはいくつか存在しますが、誰もが感じている話題を盛り込むことも効果的な方法です。

2016年11月に執筆した記事で、「電車内で化粧をしてはいけない？　公私混同を理解できない不思議」を紹介します。

当時、マナー向上を説いたある東急電鉄の広告がインターネット上で議論を巻き起こしていました。記事はその時事問題にミートし、タイトルは「公私混同の不思議」として、独自の見解を反映させました。以下はその内容です。公私混同という問題をシンプルかつ簡潔に述べました。

「電車内で化粧をしてはいけない？　公私混同を理解できない不思議」
（2016年11月3日　言論プラットフォームアゴラ）

公私の区別がつかないことを"公私混同"という。電車の中は公共の場であり、ものを食べると公において私事をやっていることになる。これは恥ずべきことである。ついでに言えば、若い女性が電車の中で睨めっこしながら、熱心に化粧をする姿をよく見かける。これがみっともないのは、化粧という“舞台裏”を見せることに恥じらいがないことと公の場において私事をしているからである。

なぜ駅のトイレを「化粧室」と称するのか？　そのことを考えてもらいたい。それぞれの場所には、守らなければならないことがある。公私に関する問題は非常に大切なので、そのことを理解しなければいけない。

記事では、「公私混同」の意味や、なぜトイレを化粧室と呼ぶのか、その意味を問いました。このように人びとが日頃から疑問に思っていたり、今話題になってることに一石を投じると、多くの人びとの興味をかき立てることができます。この記事もYahoo!ニュースでアクセスランキング1位を獲得しました。

読者にとっての「おっ、そうなのか！」「なるほど！」が知の発見につながります。さらに、知の発見は読者のメリットにつながります。本書を手にされた方には、そのように、読むことで価値を感じてもらえる文章を目指してほしいと考えています。

POINT

フックをかけるには、誰もが感じている話題を盛り込むことも効果的である。読者にとっては「おっ、そうなのか！」「なるほど！」が知の発見につながる。

文章のテイストを掲載媒体や読者の属性に合わせる

●書く前に掲載媒体のコンセプトを理解する

どれだけ話題性のあるネタであったとしても、掲載されるサイトのコンセプトに当てはまっていなければ読んでもらえません。**記事を掲載する場合は、サイトのコンセプトに反していないか、サイトの運営方針を理解したうえで執筆に取りかかりましょう。**

私の場合、「JBpress」「言論プラットフォームアゴラ」はオピニオン系、「オトナンサー」は軽めのコラム系、「Jcastニュース」は書籍系の記事を掲載するなど分けています。

コラムやエンタメを載せるサイトは多いですが、オピニオン系はそれほど多くはありません。発信内容の専門性が高く、内容が硬いため、慣れていない執筆者には向きません。このようなサイトは専門家による「場」を提供することによってWeb上の議論を活性化し、専門家と一般市民をつなぐ役割を担っています。

そのためまず「○○の専門家」でなければ、記事を掲載してもらえません。また、専門家であっても、サイトの運営方針とマッチしなければ、掲載されないでしょう。

メディアに掲載されるときだけでなく、日頃も、より多くの人に読んでもらいたい場合は、まずはブログやSNSのコンセプトを明確にする必要があります。

●タイトルで明確に差別化を図る

まずはタイトルです。

たとえば、「私の毎日の私的な日記」というタイトルのブログは「私」が芸能人や有名アーティストなど、知名度のある人物でない限り、アクセス数が増える可能性は低いでしょう。しかし「DIY大好き主婦の手作りインテリア帳」「エヴァ歴20年！　エヴァンゲリオンに命を賭けた男のオタクライフ」というタイトルでしたら、あなたのことを知らなくても、DIYやエヴァンゲリオンを好きな人が興味を示してくれるかもしれません。

まずはこの入り口となるタイトルで明確な差別化を図ることが大事です。そして、このようなタイトルをつけたら、中身の記事もタイトルに沿ったものでなくてはなりません。DIYをうまくできるコツやエヴァンゲリオンの最新情報を知りたくてブログにアクセスしたのに、そこに書かれている内容が仕事のグチやランチタイムの料理の写真ばかりだったら、せっかく興味を示してくれた読者も足が遠のいてしまいますよね。

せっかくタイトルで惹きつけたのにもったいない！

そのため、ブログやSNSの記事を書く際は、Webサイト全体のコンセプトをきちんと確認し、ほかの記事のタッチも参考にしたうえで、執筆するようにしなければいけません。

POINT

自分が書いている文章の領域（コラム、エンタメ、書評など）を明確化しよう。どれだけ話題性のあるネタであったとしても、この部分が明確でないとニュースサイトに記事には載らない。

ブログやSNSは記事全体のデザインを考えておく

●改行、空白、文字修飾などで読者を引っ張る

近年、SNSに押されがちですが、ブログの効力もまだまだ健在。1日で何万PVも集めるブログでお金を稼いでいる人も大勢います。人気ブログを目指すうえで重要なのは、読者に役立つ情報を提供しつづけることですが、それと同じくらい大事なのが"読みやすさ"でしょう。

SNSに比べて、ブログは文字サイズやフォントの変更、太字にする、下線を引く、リンクを貼るなどもでき、比較的デザインの自由度が高いです。

ブログは長文になることも多いので、そのような記事を投稿する際は、「こまめに改行する」「文字が詰まっている雰囲気にしないために空白行を入れる」「重要な箇所は太字や赤色にする」など、デザイン面も考慮することで、読者を最終行まで誘導することができます。

私は読みやすいよう、1行を40文字程度に統一しています。人の目線は横移動が苦手とされていて、文字数が多すぎると読みにくくなるからです。

改行は文節ごとに行ないますが、頻繁に改行するとリズムが失われる場合もあるので、キリのいいところ（伝えている内容、意味合いが変わる場所）で改行します。

また、**空白行は文章の区切りの箇所に入れるのが大前提ですが、**

見た目としては4〜5行程度で空白行を入れるのが効果的だと感じています。

そして、際立たせたいキーワードはできる限りページ内に1回は入れるようにしています。こうすることで、キーワードが強調されます。

記事の見た目を改良することは、SEOの面でも効果を発揮します。ブログを一生懸命更新しても、読者数が増えないとお悩みの方は、内容だけでなく、文章スタイルを今一度見直したほうがいいかもしれません。

●複数視点を持てば「ネタ切れ」にはならない

ブログで最も多い悩みが「ネタ切れ」です。最初は毎日のように投稿していたけれども、徐々に書くことがなくなり、気づいたらもう何カ月もログインしていないという人は多いでしょう。

個人的な日記でしたら、三日坊主で終わってしまったというだけの話ですが、集客や宣伝ツールとしてブログやSNSを使いたい人たちにとって、ネタ切れは大問題。始めたのならば、永続的に業界の最新情報などを投稿していきたいものです。

そこでネタ切れ防止のためにおすすめしたいのが「複数視点を持つことの大切さ」です。

たとえば、伊豆に旅行に行ったとします。旅行記として、ブログやSNSにアップするのもいいですが、それだと記事数回分ぐらいにしかなりません。

しかし、旅行というカテゴリーを、郷土料理、名産、ホテル、お酒、景気、風景、政治、歴史、景観、著名人、遺跡、人の性質などというように細分化していったらどうでしょうか？

たった1回の伊豆旅行で10記事以上をアップできるようになります。

視点が多いほど切り口は多様になり、1つの取材場所でもあっても、媒体やターゲットに合わせて複数の記事を書き分けられるようになります。

文章を書く際は、頭を柔軟にしてさまざまなアプローチを考えましょう。考えているうちに物事を見る視点も変わっていくはずです。これを繰り返すうちに、書くネタに困らないどころか、「書く力」も増していきます。

文章を書くウォーミングアップにブログやSNSは効果的。ネタ切れ防止のために複数の視点を用意しよう。これを繰り返すと書く力も増していく。

読者の琴線に触れるには？

●読者の心をつかむための3つのポイント

ワンランク上の文章とは基本をしっかり押さえたうえで、さらなる工夫をし、文章を読んだ読者がイメージを具体的に浮かべ、即座に心が動くような文章のことです。書くからには、そんなターゲットの琴線に触れる文章を目指したいものです。

では、琴線に触れるにはどう工夫すればいいのか？　ポイントを3つにまとめました。例文を挙げながら説明していきます。

〈数字を使い具体的にする〉

〈例1〉
海外赴任を目指していたのに英語の勉強をしていなかったので声がかかりませんでした。これは準備不足が原因になっています。勉強する時間がないと嘆いている人も朝の早い時間を使えばいいとも思います。毎日やれば、それだけ時間が積み重なって、いつしかまとまった時間になっていきます。要は工夫次第というわけです。

〈例2〉
海外赴任を目指していたのに声がかかりませんでした。これは日頃から英語の勉強を怠っていたなど準備不足が原因といえます。普段、勉強する時間がないと嘆いている人も、朝の通勤を利用すれば、毎日30分程度は時間を作り出すことができます。年間270日の勤務だと、合計135時間も自分を高める時間に変えることができるのです。限られた時間でも工夫次第で効率的に使えます。

こまごまと修正した点はありますが、〈例1〉と〈例2〉の大きな違いは数字を入れたことです。「通勤時間の30分を使えば、年に135時間の時間ができる」と、具体的に説明することで、読者は「30分でも積み重なると大きい」と、理解しやすくなります。
〈例2〉の文章だと、「30分は無理でも10分ならできるかな」と、具体的にシーンをイメージできますね。数字は誰もが具体的にイメージできるものです。リアリティを持たせるためにも、時間や量について書くときは、できるだけ具体的な数字を入れましょう。

〈問題提起型にする〉

先ほどの文章では、最後の一文を、

限られた時間でも工夫次第で効率的に使えます。

としました。これを次のような形に変えたらどうでしょうか。

時間は生み出していくもの。あなたも生活時間を一度見直してみませんか？

このように問題や提案を投げかけることで、読者は自分に向けられたメッセージだと感じることができます。問題提起はやりすぎると嫌みにもなりがちですが、上記のように提案を投げかける方法は、いろいろなケースで使えるテクニックです。

〈あるあるネタで読者を前のめりに〉

次に紹介する方法は、読者に、「これはよくある！」と思わせることです。「美しい」「恐ろしい」「優しい」など形容詞を使って様子を説明するのもテクニックですが、さらに一歩進めて次のようにしてもいいでしょう。

- ・夕陽が雲の間からこぼれ、湖面にキラキラと映し出された。
- ・木漏れ日が彼女の横顔を優しく包んだ。
- ・暗闇を突き破るような奇声で目が覚めた

このように、具体的な事実を用いて、読者に美しい風景を連想させる技がワンランク上の文章だと思います。美しいという言葉1つとっても、何を美しいと思うかは人それぞれ。形容詞は人によってイメージするものが変わるからです。それよりも、**具体的なことを書くほうが、書き手は書きやすく、読者もリアルに想像することができます。**

POINT

読者の琴線に触れる簡単な方法が3つある。「数字を使い具体的にする」「問題提起型にする」「あるあるネタで読者を前のめりにする」。この3つはぜひ覚えておきたい。

第7章

「基本の型」がない文章は読まれない

最初の100文字で勝負は決まる

●導入部分で「なんだこれは!?」と思わせる

文章には、「知ってもらう」「理解を深める」「説得する」「記録として残す」など、多くの役割があります。効果的に伝えるためには「フック」が大切です。読者の気持ちをつかむには、導入部分にフックとなる「なんだこれは!?」と思わせるような印象的な話題を用意しないと、次に誘導できません。

具体的には100文字、つまり3行程度でフックがかからないと読んではもらえません。

私はさまざまなWebメディアで記事を執筆していますが、その際には、フックがかかることを意識しています。ただし、「フックが大事」といっても、そればかりに意識が向くと過剰な書き方になったり、内容がともなわない文章になったりしてしまうので注意しなければなりません。

また、**フックをかける際には、全体のストーリーと最後にメッセージを用意しておくことも必要です。**というのも、最後にメッセージを用意することで主張がはっきりするからです。

たとえば、企画書、プレゼン、セミナー資料も同じことです。さまざまな商品やサービスがあふれているこの時代に、相手に「なるほど！」と思わせるポイントや相手にメリットを感じてもらうポイント、つまり、フックがないと、調子が冗長になり、話を聞いてもらうこともできません。

フックがあることで、相手は「そういうことだったのか！」と納得するのです。そのためには、フックがかかったあと、読者の期待をはっきり提示することが必要になります。まずは相手がどう捉えるか。誰に向けて、何を、どのような目的で、どう伝えるか。きちんと整理してみましょう。

●フックは時代とともに変化する?

また、「フックは時代とともに変化するのか？」という疑問があります。私なりに検証してみます。

約10年前、ニュースサイトでコラムを書きはじめた頃の話です。書き方のトレンドを理解するために、著名な日本語学者のテキストを読みあさりました。すると、とあるサイトで以下のような説明がされていたのを覚えています。

> 日常的なコラムであればA氏がお勧めです。B氏の格調高い文章も捨てがたいですね。B氏の格調高い文章はお手本として、多くのコラムニストにとってバイブルになるという趣旨だと理解しました。ところが、最近になってB氏を批判する人が多いことに気がつきました。10年前には「お手本」だったのが、今ではそうではないのです。確かに文章や話し方は時代とともに変わりますから、当然といえば当然のことなのでしょう。

経済学者の野口悠紀雄が、「さらなる」は文法上間違っているので公文書では用いるべきではないと主張しています。法学者の星野英一は、「すべき」は文法上間違っているので公文書には不適切だと主張します。

いずれも正しい指摘です。公文書には正確な文法表現を用いるべきだと私も思います。しかし、現実には「さらなる」も「すべき」も、一般的に使用されています。

小説家、丸谷才一の『文章読本』（中央公論社）には、次のような記述があります。

> 名文であるか否かは何によって分れるのか。有名なのが名文か。さうではない。君が読んで感心すればそれが名文である。たとへどのやうに世評が高く、文学史で褒められてゐようと、教科書に載つてゐようと、君が詰らぬと思ったものは駄文にすぎない。

丸谷は、「決めるのは読者自身」と明言しています。さらに、文章を見極める視点を持つことを推奨しています。

では、時代の変遷に左右されない普遍的なお手本とはなんでしょうか？

中原淳一という、昭和に活躍した画家がいます。彼は、少女雑誌「ひまわり」の昭和22年（1947）4月号に次のような文を寄せています。

> 美しいものにはできるだけふれるようにしましょう。美しいものにふれることで、あなたも美しさを増しているのですから。

今の時代でも通じるようなクオリティの高いコピーだと思いませ

んか。時代の変遷に左右されない普遍的なお手本とは、著者の技術的探求の結晶ではないかと思います。そして、時代を経ても解釈が変わることはありません。

つまり、**「フックは時代とともに変化するか？」という問いに対する回答は「イエスでもあり、ノーでもある」**ということです。最も大切なことは、時代の空気に臨機応変に対応することではないかと思います。

POINT

文章の最初の100文字、つまり3行程度のフックを重視しよう。フックの解釈は変化するので時代の空気に臨機応変に対応することを心がけたい。

02 男性向け、女性向けの違いを理解しよう〈基本編〉

●感じ方と考え方は男女で異なる

その文章は、男性読者に向けたものですか？　それとも女性読者に向けたものですか？

もし、あなたが書き手として成功したいのなら、男性と女性の思考の違いについて理解したほうがいいでしょう。

「学歴コンプレックス」という言葉があります。学歴は一生ついてきます。でも、学歴で人生が決まるわけではありません。

学歴コンプレックスに悩むのは圧倒的に男性です。一方で、女性で学歴コンプレックスを持っている人はほとんど見かけません。今の男性社会では、「頭脳明晰とか東大出身という学歴はかえって邪魔になる」と考える女性も少なくありません。

男性は過去の失敗にこだわります。

たとえば、大学の偏差値などにこだわるのも同じことです。大学の偏差値が低いのは「男性としての能力が低い」とレッテルを貼られたことと同じです。

会社組織に所属している人ほど、学歴や偏差値を引きずる傾向にあります。また、女性よりも男性のほうが過去の恋愛（失恋）を引きずる人が多いのは、「男性としての能力が低い」ことと同じだからでしょう。

女性は争いごとを嫌い、共感を大切にします。学歴が邪魔になることはあっても、男性の場合のような意味ではありません。

男性は物事のプロセス（過程）よりも「結果」がすべてです。仕事に1度失敗しただけで、ずっと引きずって落ち込んでしまいます。それに対して女性は、プロセス重視ですから、過程における「楽しさ」「面白さ」「やりがい」といった感情を揺さぶられることに関心を抱きます。

●女性向け文章は「共感力」「表現力」がポイント

男性と女性では「感じ方」や「求めていること」がまったく異なるということがおわかりいただけたかとます。そこを理解せずに文章は成立しません。

次のケースはいかがでしょうか？

社員がその日の活動日記をつけています。クラウド型のアプリを使用して自分以外からは見ることができません。男性思考でまとめてみます。

〈活動日記：営業部　鈴木太郎〉
人事部から早朝出勤推奨の通知があったので7時に出社する。10時まではアポイントリストの作成、10時～12時まではテレアポによる架電。14時にABC物産、16時に新宿ネットワークス、18時に帰社し残務整理を行なう。20時帰社。

これは単なる事象の報告にすぎません。これはこれで正しいのですがまったく面白みがありません。女性思考でまとめるとどうなるでしょうか？

〈活動日記：営業部　鈴木花子〉
人事部から早朝出勤の通知があったので7時に出社。出勤後、近所の珈琲クラシックでモーニングを注文。モーニングはコスパが高くボリューミー。付け合せの発酵キャベツがクセになる。昼食用に発酵キャベツの大盛りを注文、同僚のアキコ、サチエのお土産。
そのあと10時まではアポイントリストの作成、10～12時まではテレアポによる架電を行なう。3件のアポをゲット、うまく役員のアポに取りつけたので営業部長に報告する。
14時にABC物産、16時に新宿ネットワークス、18時に帰社し残務整理を行なう。ABC物産はHPを作り直す予定なのでコンペに参加できるように依頼をする。20時退社。本日は70点。

大きな違いは論理的か感情的かの差です。
女性からしたら男性の話は、「へえー。だから？」「つまらない……」という感じになります。しかし、男性は女性よりも論理的に思考する傾向が強いので、そこに至るまでの筋道や結論、理由、答えを話の中に含めます。

女性は感情が優先します。話の中に“脈絡のない”感情がこめられます。感情的な会話のほうが女性の心に響きやすいのです。「共感力」や「表現力」に富んだ文章のほうが女性読者にはるかに響くというわけです。

それでは、視点を変えてみましょう。女性にとっても夢を語る男性は、とてもステキに見えます。ただ、その夢には具体的な姿が必要です。

たとえば、男性が「オレは将来、ビッグになって億万長者になる」と夢を語っても、今の状態がニートで、おまけにビッグになるための活動をしていないようでは、「ビッグになって億万長者になる」ことは相当難しいでしょう。つまり、夢を語りつつも実現するための具体性がないと女性には響きません。

POINT

男性、女性の解釈（伝わり方）を意識しよう。書き手として成功したいのなら、男性と女性の思考の違いについて理解しておくべきである。

男性向け、女性向けの違いを理解しよう〈事例編〉

●男性読者に読まれたければ「自尊心をくすぐる」

男性とは異なり、女性は、プロセスと共感を重視します。自分のことがどう思われるのか、どんな過程でそれが結びついて形になったかに興味を持ちます。大半の男性は占いにあまり興味を持ちませんが、女性に占い好きが多いのはこのような「思考の違い」があるからです。

もし、あなたが男性だったとしたら、女性の前で「占いなんか当たらない」とか「バカバカしい」「時間のムダ」などという態度を見せてはいけません。「占いは楽しいね」「今度一緒にやろう」などと共感しなくてはいけません。

当たらなくても、ポジティブな結果が好まれます。どのような結果になっても、「ステキな伴侶に恵まれて、幸せな人生を送ります」とか、「停滞期を乗り越えれば、幸せな未来がやって来ます」などと言って導いてあげると、女性はうれしくなります。

うれしいことを予言することは、安心を保障することと同じです。こうなれば、書き手に好意が寄せられたり、信頼されることが想定できます。

もし、あなたが女性で、男性向けに文章を書くのなら、男性の自尊心をくすぐることが大切です。相手のことを十分に認めればいいのです。たとえば、次のようなケースがわかりやすいでしょう。

〈資料を見てもらいたいとき〉

女性「○○さんは、文章うまかったですよね。この資料、見てもらっていいですか？」

男性「どれ、貸してみな。文章を定型にしておけばこんなにラクだ。ほら、簡単だろう？」

女性「ステキ！」

〈車で送ってもらいたいとき〉

女性「○○さんは、運転がうまかったですよね。近くの駅まで送ってもらっていいですか？」

男性「ん？　どれどれ住所教えて！　あ一家近いから送ってやるよ」

女性「ステキ！」

ホメられただけで、男性は瞬間的に気分がよくなり、すぐに肯定的に反応します。絶対にやってはいけないのが次のパターンです。

〈社内懇親会の予約をしたとき〉

女性「コレ、お店の見積りです。言われた通り一番安いお店を選んでみました！」

男性「どれどれ、何だこれは？　こんな店のどこがいいんだ？」

女性「でも、ほかのお店はすごく高いですよ。予算オーバーです！」

男性「バカもの！　安けりゃいいってもんじゃないだろうが。何を基準にしてるんだ！」

このような場合は、次のようにアプローチしなければいけません。

女性「コレ、お店の見積りです。見積りが安すぎてちょっと不安なんです！」
男性「どれどれ、悪くないが、役員も来る可能性が高いから、もう少し豪華なほうがいい」
女性「でも、ほかのお店はすごく高いですよ。予算オーバーです！」
男性「そこはどうにかする！　あまりに安っぽいとオレの顔にかかわるからさ！」

男性に響く文章、女性に響く文章はまったく異なります。男性と女性の「思考の違い」を理解することで、適切な文章が書けるようになるはずです。

POINT

女性は、共感とプロセスを重視する。自分のことがどう思われるのか、どんな過程でそれが結びついて形になったかに関心がある。女性が占いを好む理由はそこにある。

漢字と平仮名のバランスのとり方

●文字数、ページ数が増えるほど読者は離れる

私は、**人が読みやすい文字数は1500～2000文字程度**ではないかと思っています。ネット記事の場合、1ページが1000文字程度ですから2ページまでということになります。

著名な経済専門誌が6000文字くらい（ページは6ページ）の記事を掲載していますが、雑誌の記事をそのままアップしているので読みにくさを感じている読者は多いはずです。ページ数が多くなればなるほど読者が離れることを理解していないのです。

一気に読ませる文章にするためには、あれこれ考えず、一気に書き上げてしまうことがコツです。修正はあとからいくらでもできるからです。

そして、文章を書き終えたら、文章の表現や全体の流れに違和感がないかチェックをする推敲の作業に入ります。ここで気をつけたいのが、漢字と平仮名の使い方です。漢字と平仮名のバランスも文章を読みやすくするためのテクニックになるからです。

文章をざっと見たときに、漢字が多すぎると硬さを感じて、読む気力が削がれてしまいます。平仮名は読みやすいですが、多すぎても読みにくくなってしまうものです。

次の文章を比べてみてください。

〈例1〉
「本は最初から最後まで全部読むべきでしょうか？」其のような質問を頂くことが有ります。結論から言うと、詰まらなかったら、途中で読むのを止めても良いのです。前項でお伝えしたように、読書は楽しむ物です。詰まらない本を読む時間は極力減らし、貴方が楽しむことが出来る本を読むことをお勧めします。
（漢字率42パーセント）

〈例2〉
「本は最初から最後まで全部読むべきでしょうか？」そのような質問をいただくことがあります。結論からいうと、つまらなかったら、途中で読むのをやめてもいいのです。前項でお伝えしたように、読書は楽しむものです。つまらない本を読む時間は極力減らし、あなたが楽しむことができる本を読むことをおすすめします。
（漢字率31パーセント）

拙著『頭がいい人の読書術』（すばる舎）から一部を引用しました。〈例1〉の文章は漢字が多く年配の方にありがちです。書いてあることも表記もまったく間違えていませんが読みにくいと思います。漢字比率は42パーセントです。
〈例2〉の文章は、漢字と平仮名のバランスをきちんと考慮した文章です。〈例1〉の文章と比較して、圧倒的に読みやすくなったとは思いませんか？

このように平仮名をうまく活用することで、文章をやわらげて読みやすくすることができるのです。自分にとって書きやすい文章を心がけましょう。

なお、**漢字と平仮名の比率は3対7が基本です。**

POINT

読みやすさのテクニックの1つに、漢字と平仮名のバランスがある。漢字と平仮名の比率は3対7が基本。これはまさに鉄板の法則なので、必ず押さえておこう。

親しみやすいキーワードを使う

●相手との共通言語は何か?

キーワードを効果的に使うと、思いが伝わりやすいことはよく知られています。これは歴史が物語っています。アメリカのリンカーン大統領の「Government of the people, by the people, for the people」、キング牧師の「I have a dream」、オバマ元大統領の「Yes,We can」などは、読者や聴衆の脳裏に刻まれやすい、短くインパクトのある言葉です。

さらに、質を高める方法が「相手との共通言語を見つける」。

たとえば、政治家は方言を上手に使い分けるプロです。地元の会合では方言で親しみやすさを演出して聴衆との距離を詰めます。自民党の小泉進次郎代議士は、方言を使ったスピーチがうまいといわれています。小泉代議士が全国各地で披露する定番の演出でもあり、方言のスピーチを聞いたとたんに集まった数100名は、あっという間に小泉代議士のファンになってしまいます。

政治家は有権者の支持が得られなければ当選できません。そのためには親しみの演出は不可欠です。普段の平常時には標準語で会話をしていても、選挙区に入れば地元の言葉や方言を活用します。地元の方言や訛(なま)りを頻繁に使いながら、地元出身であることをアピールすることからもその効果がうかがい知れます。親しみやすさは、文章の大切なポイントです。短い言葉の繰り返しで親しみやすさを演出しましょう。

●読者の言い訳を用意する

また、キーワードは読者にとってミッションの役割を果たすことがあります。

たとえば、**読む人は読みながら「背中を押して」ほしいと思っています。**通販のカタログを見ていて「これが欲しいなあ」と思ったときに、同時に「でも、もったいないかな」と買わない理由を用意します。買わない理由には「今じゃなくてもいいかな」「ほかのものでも代用できるはず」「似合わないかもしれない」など、いろいろな言い訳があります。

この言い訳から決断を引き出すために、「背中を押す」のがキーワードです。背中を押すキーワードは大きく2つ存在します。

１つは「今しかない」という理由。「今日この場所でしか入手できません」「売り切れたら次回の入荷は未定です」というものです。

もう1つは「自分にご褒美」という理由。「今日はがんばった自分へのご褒美に最高級のワインで贅沢します」などがあります。この2つは「背中を押す強烈な理由」になります。

理由を引き出すには、「今買うことの正当性」を作ることです。「今日は暑いから～」「プロ野球で巨人が勝ったから～」「クリスマスだから～」「お正月だから～」など、自分本位の言い訳を用意してあげることです。読者の言い訳を用意して背中を押すことはファンを獲得するための重要なテクニックです。

POINT

短くて親しみやすいキーワードを用意しよう。キーワードには読者の背中を押す効果もある。背中を押すことはファンを獲得するための重要なテクニック。

「韻を踏む」で説得力が一気に向上！

●同じ音を繰り返すことで印象に残る

「韻を踏む」は中国の詩の「絶句」がルーツとなっています。原形となる詩型は、六朝時代（222〜589年）にさかのぼります。時代が下るにつれて韻律の規則が次第に整備されて、唐代に入って詩型として完成されました。日本でも中国の「韻を踏む」文化が伝わり、日常的に使用されるようになります。

さらに、この絶句を応用したのが、ヒップホップやラップです。同じフレーズを何回も繰り返し脳裏に言葉が焼きついたことはありませんか？　これを文章にも応用することができます。読み物の中に同じ言葉や、同じ音を繰り返し使います。

実は、同じ音を繰り返すことで印象に残ることは学術的にも検証されています。「単純接触効果」という認知心理学における理論があります。これは、繰り返し接触することで、警戒心が薄れ、好感度が増していくというものです。

法則を導き出したザイアンス博士の名前をとって、「ザイアンスの法則」ともいわれています。この繰り返しは、CMなどでよく使われる手法です。繰り返し商品名や企業名が連呼されたり、同じフレーズが流れていたりすると、無意識に口ずさむほど印象に残るのは皆さんにも経験があるでしょう。

たとえば、CMで有名なキャッチフレーズ、「そうだ 京都、行こう。」「あなたとコンビニ～」などは誰もが知る名フレーズです。これらはプロ中のプロが考え抜いたコピーですが、繰り返しさまざまなシーンで人々の目にふれ、多くの人びとの頭に残っているコピーです。また、CMによく起用されるタレントの好感度が上がるのもこの効果です。

●導入・展開・結論部分で同じフレーズを繰り返す

ザイアンスは、「提示回数が多いほど影響力が強まり、好感度が増す」と説いています。街角でばったり会ったあとに、また電車で会うなど、たびたび出会う人に縁を感じてしまうのもその1つかもしれません。

これを文章にも応用してみましょう。どのように応用するのでしょうか？

たとえば、**導入・展開・結論部分など文章のポイントとなる部分で、同じフレーズを使ってみるのです。**印象的な言葉や伝えたいポイントを繰り返し主張することで、読者に強いインパクトを残します。

それでは例文を見ていきましょう。

> 春になったら、桜を見に行こう。
> 夏になったら、海岸を散歩しよう。
> 秋になったら、まばゆい紅葉の中を散策しよう。
> 冬になったら、雪の中そっとお互いの手を温め合おう。

単純な同じ言葉を繰り返すと、くどく感じて逆効果になるというデメリットもありますが、繰り返すことでリズムが生まれ、読者の脳裏にフレーズが残りやすくなります。

POINT

単純な同じ言葉を繰り返すことで印象に残るようにすることを「韻を踏む」という。古代中国から始まり、現代の音楽やCMなどにも応用されている。ぜひとも使い方を覚えておきたい。

困ったときには著名人の力を借りる

●日頃から偉人・有名人の名言を集めておこう

表現に困った場合、文章にエッジをつける方法はいくつかあります。その1つがことわざや偉人の言葉の引用です。的確なことわざを用いることで、多くを語らなくてもストレートに言いたいことを伝えることができます。

また、偉人の名言は、時間を経ても残っているだけの知恵や教えがこめられています。日頃から名言を集めておき、困ったときに活用してください。一例を挙げておきましょう。

次の文章は、私が投稿した記事の冒頭部分です。情報収集の重要性をうたうために、ベンジャミン・ディズレーリの言葉を引用し、出だしにエッジをつけました。

> イギリスの政治家である、ベンジャミン・ディズレーリ（Benjamin Disraeli）は、2期にわたってイギリスの首相を務めたことで知られている。ヴィクトリア朝を代表する政治家だが、次のような名言を残している。「一般に、人生で最大の成功をおさめる人間は、最高の情報を得ているものだ」。情報の重要性とは最近になってからのものではない。しかし、Webが主要な情報源になっているいま、情報収集の精度はさらに重視されている。

では、なぜ有名人の言葉を借りてエッジをかけると効果的なのでしょうか？
これは「はったり」だからです。
「はったり」という言葉に、皆さんはどんな印象を持っていますか？「見栄っ張り」「嘘つき」などネガティブなものを思い浮かべた人が多いはず。
しかし、ビジネスでは、はったりをきかせることで自分の力を最大限に発揮できるかもしれません。今回は、はったりの有用性について考えてみたいと思います。

●「はったり」を戦略的に使う

中国の春秋時代に書かれた『孫子』という兵法書があります。現代でも世界中で注目されており、『孫子』を企業経営に活かそうという試みも活発です。
『孫子』の中でも、はったりの有用性が説かれています。次の一節です。

> 昼戦には旌旗を多くし、夜戦には鼓金を多くす。人の耳目を変ずる所以なり。
> （引用元：福田晃市（2015）、『実践版「孫子の兵法」で勝つ仕事術』、明日香出版社）

つまり、「昼の戦いでは旗を多く立て、夜の戦いではたくさんのドラや太鼓を鳴らす。そうやって敵を欺く」ことが効果的だと書かれています。このはったりによって、敵にこちらの軍勢を多く見せ、おびえさせたり攻撃をとどまらせたりすることができます。**はったりは立派な戦略なのです。**

『孫子』の教えをビジネスで考えるなら、「軍勢」を「自信」に置き換えられるでしょう。自信のなさを仕事相手に見せると、頼りないやつだと思われ、チャンスを逃してしまう可能性があります。「少し自信がないな」と思っても、相手にそれを悟らせない「はったり」が必要なのです。

さて、名言といわれるものはたくさんあり、思考を深めるヒントにもなります。皆さんも歴史的な人物や政治家、偉大な作家の名言を探してみてください。きっと得るものがあるはずです。ただし、著作権の問題があるので、引用の際には必ず確認しましょう。

POINT

困ったときには著名人の力（名言）を借りる。中国の春秋時代に書かれた『孫子』（兵法）の中にも「はったり」の有効性が書かれている。適度な「はったり」ならまったく問題はない。

第8章

徹底的に研ぎ澄ます
テクニック

言葉や文章の持つ「先入観」に注意する

●文章も一種の「身だしなみ」

あなたは身だしなみを意識していますか？　人は見た目で印象を決めてしまうもの。「この人は清潔感があるから仕事ができそう」「この人はだらしないから仕事ができないだろう」などと勝手な先入観を持たれてしまいます。

実は文章も同じことがいえます。**簡単な文章1つとっても、ビジネスマンとして「できる／できない」を判断されてしまう危険性があるのです。**

それでは、身だしなみの整った文章とはどういうものでしょうか？ビジネスマンとしてのセンスをワンランクアップする簡単なコツを紹介します。

先入観には「あらかじめ入り込んだ、固定した考え」という意味があります。対象認識において、誤った認識や妥当性に欠ける評価・判断などの原因となる否定的な考えのことです。**一度悪いイメージを持たれてしまったが最後、先入観をくつがえすためには相当な努力が必要です。**

たとえば、仕事のメールやお礼状など、仕事の現場では多くの文章のやり取りが見られます。そっけない連絡や失礼な言葉づかいのメール、要点を得ないメールなどはついあと回しにしてしまいがちです。メールを書くときに優先するべきは、短い時間で、的確に相手に要点を伝えることですが、この対応がイマイチだと確実に先入観を持たれてしまいます。

●メールに相手への配慮を入れるだけで好感度がアップする

仕事ができる人は、お礼状ですら気が利いているものです。短いながらも気持ちがきちんとこもっているのです。

たとえば、飲み会でごちそうしてもらったあと、仕事を手伝ってもらったあと、ミスをリカバリーしてもらったあとなど、社会人として、お礼メールを送るのは常識です。そんなお礼メールも少し気を利かせるだけで大きく印象が変わります。具体的にはどういうものか、例を見てみましょう。

〈一般的なお礼メール〉
昨日は、ごちそうになり、ありがとうございました。
また、お土産までいただき恐縮でございます。
取りいそぎ御礼申し上げます。

かなり、極端な書き方ですが、こんな文章の人が多いのです。まったく印象に残りません。これでは、「せっかくお土産まで渡したのに……」と、相手に物足りない印象を与えかねません。感謝の気持ちをひと言でいいので、具体的に書き添えるといいでしょう。

〈デキる人のお礼メール〉
昨日は、ごちそうになり、ありがとうございました。
また、お土産までいただき恐縮でございます。

取りいそぎ御礼申し上げます。
追伸
実は初めて、白レバーを食べました。
まさか、このような食材があるとは知らず大変驚きました。新鮮でないと食べられないことや、調理法も初めて聞きました。楽しい時間はあっという間に過ぎてしまいましたが、ぜひ、またの機会にお目にかかりたいと思います。
お土産までいただいて恐縮です。
本当にありがとうございました。

冒頭の3行は定型なので同じ文面でかまいません。ポイントは追伸以降の文章です。ここに何を書くかで、相手が受ける印象が変わります。メールをもらった相手も、具体的な感想があるとうれしいもの。次の機会へとつながる可能性も高まるでしょう。

悪い印象はなかなか変わらないものです。**相手への配慮を心がけて、ちょっとした気づかい、気配りとして実感を添えることで、あなたの印象が大きく変わっていきます。**

POINT

人は先入観というモノサシで相手を評価するクセがある。悪い先入観ほどなかなか変わらないもの。悪い先入観を持たれないよう、気配りのできる文章を心がけよう。

言葉はシンプルに削ぎ落とす

●書くときは「1～2分でさらっと読める」ことを意識する

ネット記事の場合は文章量が多くなりすぎないよう大幅に絞り込む必要があります。本や紙の文章のように長文向きではないからです。スマートフォンで読む場合、移動中に読むことが多いことに加え、文字も小さくて読みづらいです。また、パソコンのモニター画面をじっと眺めつづけると目も疲れます。

私の経験からいうと、1～2分でさらっと読めるような短文が好まれます。

たとえば、Twitterには140文字という文字数制限があります。今はいくつかのSNSを連動させている方も多いので、まずはこの140文字で魅力的に伝えることを目指してみてはいかがでしょうか？

次のケースは、イタリアのスーパーカー「フェラーリ512BB」の宣伝文を写真とともにSNSにアップする場合です。2つの例文のどちらがわかりやすいでしょうか？

〈ケース1〉

フェラーリ512BB
乗車定員　2名
ボディタイプ　2ドアクーペ

エンジン　4,942cc、180度V型12気筒
駆動方式　MR
最高出力　360hp/6,800rpm
最大トルク　46.0kgfpm/4,600rpm
変速機　5速MT
全長　4,400mm
全幅　1,830mm
全高　1,120mm
ホイールベース　98.4in（2,500mm）
車両重量　3,084ポンド（1,515kg）

〈ケース2〉

フェラーリ512BBは、フェラーリが1976年から製造販売したスポーツカーである。当時はフェラーリ生産車のフラグシップであった。当時はスーパーカーブームの絶頂期で、ランボルギーニ・カウンタックと肩を並べて最も人気が高い自動車の1つとなった。
「BB」とはベルリネッタ・ボクサー（Berlinetta Boxer）の略である。ベルリネッタはイタリア語でクーペを意味し、ボクサーは水平対向エンジンのピストンの動作がボクサーの出すパンチに似ているところから名付けられた。

〈ケース1〉では、車ファンならそのよさを読み解くことができるかもしれませんが、車に詳しくない人はなんのことを言っているのかさっぱりわかりません。何が売りで、どこがアピールポイントか伝わりません。

〈ケース2〉は誰でもこの車の特徴がわかります。このように、文字数は少なめに絞り込むことで、アピールポイントを絞ることが大事です。

では、皆さんもフェラーリ512BBの紹介文を作成してみましょう。

※フェラーリ512BBの画像はWikipediaより引用（https://w.wiki/395r）

「伝えよう、伝えよう」と力が入りすぎると、どうしても文章は長くなりがちである。ムダな文字は徹底的に削ぎ落として、言いたいことをズバッと伝えるシンプルな文章を目指したい。

自分の型を確立しよう

●基本の型だけ押さえておけばどうにでもなる

「文章を書くのが苦手」という人に共通していることは、ゼロから書こうとする点にあります。

まずは文章の型を知ることです。よく用いられるのは「PREP法」。ほかにも、起承転結、序破急など、小学校で習ったような文章構造もたくさんあります。しかし、まずは基本の型さえ知っていれば大丈夫。工夫次第でいくらでも文章の基本文型は広がります。

書きたいことを思いつくままに書いてしまうと、最初はよくても途中で筆が止まる原因になります。

「結論、理由、エピソード、再結論」の「PREP法」など、書きやすいパターンを覚えてしまったほうがよいでしょう。 1つの文章を書くのに何時間もかけていたら、書くことがしんどくなり、続けられなくなります。

大切なことは、短時間で、わかりやすく、迷いなく書くことです。そのためにはあらかじめ決まっている「文章の型」を利用すること。特に「時系列に、思いつくままに書いてしまう」という人は要注意です。

今回は、「結局何が言いたいの？」ということにならないように、「結論」ファーストの「PREP法」で書いてみます。

〈事例1／PREP法（結論、理由、エピソード、再結論）〉

朝の1時間に集中して行なう仕事は、昼の2時間の労働内容に匹敵する。（結論）
なぜなら、朝早く出社することで誰からも話しかけられず、集中して仕事に向かうことができるからだ。（理由）
いつもだったら20分に1回、部下や上司から話しかけられるが、誰も出社していないため、仕事に集中できる（エピソード）。よって昼2時間かけてやる仕事が朝ならたったの1時間で終わらせることができるのだ。（結論）

〈事例2／PREP応用編①（問い→結論→反対→再結論）〉

「ビジネスで成功している人は朝が早い」というが、本当だろうか。
「朝の1時間に集中して行なう仕事は、昼の2時間の労働内容に匹敵する」と成功しているビジネスマンたちは口をそろえて言う。
それでは夜はどうだろうか。仕事をひと通り終えて迎える夜は、体力的にも疲労が溜まっている。当然、気力や集中力も消耗している。そんなコンディションでは、なにをしても効率が上がるはずがない。朝は、集中力も気力も体力もみなぎっているため、夜とは比較にならない結果になるはず。夜1時間以上かかることが、朝ならたった10分でできてしまうのだ。
（アゴラ掲載記事「お寺の住職に聞いた！　なぜ朝の過ごし方は大切なの？」（https://agora-web.jp/archives/2024062.html）より一部引用）

〈事例3／PREP応用編②（結論＋提案1、2、3……再結論〉

朝の1時間に集中して行なう仕事は、昼の2時間の労働内容に匹敵する。ここでは朝やっておくとスピードアップすることを紹介する。（結論）

朝やるべきこと①今日やるべきことの課題と問題点を紙に書き出し整理する（提案）
朝やるべきこと②メールの送信、返信（提案）
朝やるべきこと③ルーティーンワークに取り組む（提案）

①～③について、それぞれ解説します。
昼間なら2時間かけてやる仕事も、集中力の高い朝の時間なら、たったの1時間で終わらせることができるのです。
（結論）

文章構造の違いを解説します。
〈事例1〉では、王道の基本文型に沿って文章を展開していきます。
〈事例2〉では、基本文型をベースにしながら、冒頭で読者に「成功者が早起きだというのは本当か」と問いかけます。また、「夜型」の読者に向けて「夜の時間を活用する」という、新たな視点を加えることで話を広げていくことができます。
〈事例3〉では、「朝早く仕事を始めるとしたら、どんな仕事をやるべきか」ということを、具体例を出して紹介します。やるべきことがリスト化されていたら、行動しやすくなります。また、人によってはそのまま自分の生活に取り入れようと思い、SNSなどでシェアする人も出てきます。より多くの人がシェアすれば、それだけ記事は拡散しやすくなります。

文章を書く際には、「型」を持っておくと、執筆スピードが上がります。とはいえ、最初から型に当てはめて書こうと思っても、意外と難しいもの。そこでまずは書きたいことを型に沿って箇条書きすることから始めてください。

「PREP法」であれば「結論、理由、エピソード、再結論」をそれぞれ1行ずつでまとめる。—— たったそれだけで迷いがなくなり、スラスラ書けるようになります。

逆に、箇条書きをしないでいきなり文章を書きはじめてしまうと、途中で迷いが出て、止まる原因になります。面倒くさがらず、箇条書きから始めるようにしましょう。慣れてきたら、独自の型を追求してください。

POINT

文章の書き方にはいくつかの型が存在する。もし書けない場合はいくつかの型を試してみよう。自分にとって書きやすい型があればその型を覚えてしまおう。

会話をしているように書くと伝わりやすい

●会話にすることでテンポがよくなる、わかりやすくなる

伝わりやすいテクニックの1つに会話調があります。無理にきれいに文章を書こうとすると力が入ってしまい、スランプにおちいることがあります。書こうとしている文章が会話調にできなら次の書き方を試してみてください。

たとえば、次のようなやり取りをみてどのように思いますか？
社内での上司、あなた（部下）のやり取りです。

〈例1　あなた（部下）は定刻になり、帰り支度をしています〉
あなたが帰り支度をしていたところ、上司に声をかけられました。
30分程度の残業をしてプレゼン資料作成をしてほしいと依頼されました。しかし、あなたは予定があることから固辞します。
上司は、あなたがやるべき仕事ではないことを認めたうえで、さらに依頼してきます。あなたは、30分程度では終わらないことを伝えます。
上司は、今後の埋め合わせと、評価に反映させることを約束します。あなたは、やむを得ず、残業を決意しました。

〈例2　あなた(部下)は定刻になり帰り支度をしています〉

上司：申しわけないが作業をお願いしてもいいかな？　明日のプレゼンに持って行かなくてはいけなくて。

部下：今日は予定がありますし難しいっすよ。

上司：お前のパワポのテクニックがあれば30分もあれば作れるだろう？

部下：さすがに、30分では無理ですよ。これはかなり大変ですね。

上司：どうにか頼む。この埋め合わせはするし評価にも反映させるから。

部下：もう、仕方ないですね。予定を断るので少し待ってください。

〈例1〉では、上司と部下のやり取りの描写がイマイチわかりません。描写が伝わりませんから、読者にとっても響くものがありません。

〈例2〉は、〈例1〉を会話調にしたものです。文字数は224文字で合わせています。このように、**会話をそのまま文章にすると非常にテンポがよくなり、わかりやすくなります。**

また、この会話の流れには多くの要素が含まれています。

①あなたは帰宅しようとしている
②上司が30分程度の残業を依頼した
③あなたは予定があることからいったん固辞する
④上司は、あなたがやるべき仕事ではないことを認めたうえで強く依頼してくる
⑤あなたは、30分程度では終わらないことを伝える
⑥上司は、埋め合わせと、評価に反映させることを約束する
⑦評価に念押ししたうえで、あなたは、残業を決意する

私たちは通常、会話でコミュニケーションをとっているので、会話調にすると伝わりやすいのです。これが、文章を会話にすると伝わりやすい理由です。会話以外にも、テレビドラマのワンシーンを書き起こすのもよいでしょう。

ちなみに、本書の特別付録（Twitterの発信ネタ）も会話調にしています。理由は伝わりやすいからです。

無理にきれいに文章を書こうとすると力が入ってしまいスランプにおちいることがある。そんなときは書こうとしている文章を会話調にしてみよう。

「話をかみ砕く」とはどういう意味か？

●相手に前提知識がなければいくら伝えてもムダ

再三お伝えしているように、誰でもわかるくらいに平易にわかりやすく書くことが文章の鉄則です。これは会話などでも同じです。ところが、難しいことをやさしく伝えることは簡単ではありません。

話をかみ砕いて伝えられない人には、ある傾向が見受けられます。それは、話を根本的に理解していないか、または自らの知識を誇示したいような場合です。

難しい内容の話を簡単に理解させるには、どのように伝えるのがいいでしょうか？

次の例文をお読みください。

デューデリジェンスを語るのであれば、企業の資産価値を適正に評価し、リスク査定も反映させながら、価値を判定すべきだ。

経済に詳しくないとわかりにくい内容ですね。これをかみ砕いてみます。

〈**修正後**〉
会社が行なう、不動産投資やM＆Aの際の資産価値を評価する手続きのことを「デューデリジェンス」といいます。企業の収益性やリスクなどを総合的に調査分析する作業が必要になります。

だいぶわかりやすくなりましたね。

読む人にとって一度で理解できる内容には限界があります。あまりにも専門的にしすぎても伝えたい本質を理解させることはできません。**前提となる知識のない相手に対して、くどくどと制度や仕組みについて説明をしても伝わらない**ので注意してください。

別のケースも読んでみましょう。

A社はB社の取締役や親会社の事前の同意を得ずして、既存の株主から株式を買い集めて買収を目論んでいる。
A社は3分の1の株式を保有することで株主総会の特別決議を拒否し拒否権を発動することが可能になる。さらに、過半数を取得することで子会社化し、経営への支配力を高めることができる。
しかし、商法の規定により、3分の1以上の株式を保有する場合、原則として、株式公開買い付け（TOB）によらなければならず、A社は主要な新聞やメディアで買収を事前に公表し公募するにいたった。

こちらも、経済に詳しくない人が読んだらなんのことかよくわかりませんね。

〈修正後〉
A社はB社に対して、敵対的買収をこころみた。

実は、この一文だけで説明が可能です。話をかみ砕いたわかりやすい事例です。**文章が長い場合、ひと言でいうと「どのようなことなのか？」を整理してみましょう。**

POINT

大手通信社のニュースを読んでいてもムダな文章が目立つことがある。長々と説明しないで、ひと言でいうと「どのようなことなのか？」を整理できれば、さらにレベルアップが可能になる。

文意がわからなくなったら細かく切る

●文章に入れる要素はなるべく絞り込む

文章を書くことに苦手意識を持つ人は、文章が長く整理できないという特徴があります。

次の文章を読んでください。

> 私は音楽が好きです。小学校のときからピアノを習っていて、腕前はプロ級です。小学校からやっているものでは、ほかには水泳があり地区大会で入賞したこともあります。ほかの楽器ではバイオリンも好きで今でも続けていますが、中学校の吹奏楽部の大会で入賞したことはいい思い出です。ピアノ推薦で音大に進学しました。現在は、商社に就職し営業を担当しています。

かなり極端な例ですが、これでは何を言いたいのかがまったくわかりません。文章の中にいろいろな要素が入り込んでいるからです。

最初に音楽以外の要素を削除してみましょう。

> 私は音楽が好きです。小学校のときからピアノを習っていて、腕前はプロ級です。ほかの楽器ではバイオリンも好き

で今でも続けていますが、中学校の吹奏楽部の大会で入賞したことはいい思い出です。ピアノ推薦で音大に進学しました。

これでかなり意味が通じるようになりました。さらに意味を通じるようにするには、ピアノとバイオリンを分けて整理する必要があります。

次の文をお読みください。

〈修正後〉
私は音楽が好きです。小学校のときからピアノを習っていて、腕前はプロ級です。ピアノ推薦で音大に進学しました。ほかの楽器ではバイオリンも好きで今でも続けていますが、中学校の吹奏楽部の大会で入賞したことはいい思い出です。

こちらのほうがスッキリした感じがありませんか？
文意がわからなくなってきたらパートごとに区切って整理することをおすすめします。文の構造を単純化すれば、読みやすくなり、文章の語尾を選ぶ自由度も高まるので一石二鳥になります。

●「〜ですが〜」「〜でしたが〜」「〜しますが〜」でいったん切る

次に文章を短くするステップをわかりやすく解説します。

会社員は、企画書、議事録、日報、稟議書など日々さまざまな文書を作成しますが、伝えたいことを書いたとしてもわかりにくい内容であれば相手には伝わりません。

この文章は75文字あります。内容はわからなくはないですが伝わりにくいです。これを2つの文に分けてみましょう。

会社員は、企画書、議事録、日報、稟議書など日々さまざまな文書を作成します。伝えたいことを書いたとしてもわかりにくい内容であれば相手には伝わりません。

切る場所はどのように探せばいいのでしょうか？　**基本的には「が」で切ります。**文章の中で「〜ですが〜」「〜でしたが〜」「〜しますが〜」の箇所を探します。これを、「です。しかし〜」「します。ですが〜」にすれば違和感がありません。

今日はいい天気ですが、夕方から雨になる予報です。

↓

今日はいい天気です。しかし（ですが）夕方から雨になる予報です。

プレゼンは今月末の予定でしたが、先方の都合により順延されました。

↓

プレゼンは今月末の予定でした。しかし（ですが）先方の都合により順延されました。

新商品の導入について検討しますが、予算が取れるかはわかりません。

↓

新商品の導入について検討します。しかし（ですが）予算が取れるかはわかりません。

POINT

文を短くするには、「が」で切るようにするとよい。文章中の「〜ですが」「〜でしたが」「〜しますが」を探す。そこで区切って、しかし（ですが）でつなげるとわかりやすくなる。

研ぎ澄ましたタイトルをつけよう

●引きのあるタイトルのつけ方は4パターン

すでに、タイトルやキャッチコピーに関する書籍は多く存在するので深く知りたい方は専門の書籍をお読みください。本書では、すでに鉄板とされている方法、たとえば、今なら新型コロナウイルス、リモートワークなどの「流行りに乗る方法」。また、数字を使用してインパクトを強める「数字の方法」などは紹介しません。今回は、私が日常的に使用しているフレームワークのみについて解説します。

まず、タイトルのつけ方は大きく次の4つの形態に集約されることを覚えてください。

〈①逆張り、対比型〉
○モテたければ太って太りまくれ！
○お金持ちになりたいならキャッシングとリボ払いの鬼になれ！
○金持ち父さん 貧乏父さん

逆張りテクニックのタイトルは、さまざまな場面で使われています。書籍でもこのパターンのタイトルは多いです。ベストセラー『非常識な成功法則』（神田昌典、フォレスト出版、2002年）も同じ形式です。この形式が多いのは作りやすいことに加えて、読者に対してのインパクトが強いからです。「なぜ？」「どうして？」という心理が増幅されていきます。

作り方はとても簡単です。**世の中の当たり前や常識の逆をいけばいいのです。**冒頭に挙げた3つのタイトルは一般的には使えないでしょうから、わかりやすいタイトルも紹介します。この3つも完全な逆張りです。

○うどんだけじゃない！　香川の観光スポット10選
○渋谷の穴場カフェ！　50歳以上のオジサンにおすすめの店
○逆説のスタートアップ思考術

対比型も逆張りの類似版です。よく知られているのが「金持ち父さん 貧乏父さん」でしょう。金持ちな父さんと貧乏な父さんを比較することで読者に2人の違いを想像させるのです。これもインパクトのある表現ですが、対比する対象があまりにかけ離れているとうさん臭くなりますので注意が必要です。

〈②ストーリー&ヒストリー型〉
○50歳の私が30歳年下の彼女と結婚した理由（ワケ）
○東大卒外務官僚のエリートが陥ったギャンブルの罠
○高校中退元フリーターが30歳で億万長者になれた理由

このようなタイトルの書き方を「ストーリー&ヒストリー型」といいます。その名の通り、タイトルがストーリー仕立てで記事の内容が想像できるものです。私たちは、映画、小説、テレビなど、多くのドラマと接してきました。ですので、このようなストーリーのあるタイトルに惹かれてしまうのです。また、自己啓発などに多い「成功法則型」も形式は同じです。ただし、やりすぎると実態のともなわないタイトル詐欺になりますからご注意ください。

〈③ベネフィット提供型〉
○社内の人間関係構築を良好にする方法
○記憶力アップ実践編
○10日でフォロワー1000名獲得したテクニック

これは、方法論、手法の類です。こちらも、書籍でよく目にするタイトルのパターンの1つです。人は「お得な情報」に弱いのです。お得な情報としての精度が高ければ高いほど、人はベネフィットを感じます。

たとえば、今では当たり前のように買えるようになったマスク。まったく購入できなかった時期であれば高額でも求める人が続出したわけです。これも比較的簡単なテクニックですから、すぐに実践できると思います。

〈④クエスチョン型〉
○苦境のコロナ禍をどのようにして生き抜くのか？
○人生100年時代！　先人に学ぶこれからを生きる理由とは？
○人材紹介の悪魔！　カウンセラーを信用してはいけない？

クエスチョンマーク（？）がついているタイトルは疑問形です。読者に対して問いかけています。問いかけですから読者は自分に聞かれているように感じて反応率が高くなります。これは、事例を見るとよくわかります。

A.人のスタイルは4つに分けられるといわれています。
B.あなたのスタイルは次の4つのうちどれですか？

A.今日の星座占い12パターンの回答を用意しました。
B.今日の星座占い、あなたの運勢は？

どちらも「B」のタイトルのほうがクリックしたくなりませんか？問いかけられていますので、「どちらですか？」と聞かれれば自分に当てはまるか考えてしまいます。

朝のテレビ番組で占いが放映されるのは、6時59分、7時59分、など次の番組に変わる直前です。星占いが放映されると、興味の有無にかかわらず思わず見てしまうからです。番組が切り変わってからもそのまま見てもらえる効果があります。星占いが番組と番組のブリッジを果たしているのです。

今回は4つのパターンを紹介しました。タイトルを考える際には型に当てはめてしまったほうがラクです。ニュースサイトでバズったタイトルも多くはこの4形態に分類されると思います。また、ヒットした書籍のタイトルなどはそのまま記事にも転用できそうなものがいくつかあります。まずはトライ＆エラーで場数を踏んでください。

POINT

「①逆張り、対比型」「②ストーリー＆ヒストリー型」「③ベネフィット提供型」「④クエスチョン型」の4つのパターンを覚えておこう。まずは場数を踏んでみよう。

08 炎上を気にしすぎることは愚の骨頂

●過去に炎上した人のことを覚えていますか?

セミナーをすると「炎上は怖くないですか?」と聞かれることがあります。ここでは、最近の有名な炎上として、2人の事例を紹介します。

1人めは、豊田真由子元議員。

「このハゲー‼ ちーがーうだーろーっ! 違うだろーォッ⁉ 違うだろっ‼!」が連日メディアで報道されましたので改めて説明するまでもないと思います。では、話題になる前から、豊田元議員を知っていた人はどの程度いるでしょうか?

東大卒、ハーバード大院修了、金融庁課長補佐、在ジュネーブ一等書記官、厚労省課長補佐などを歴任したエリートとして早くから政界入りが期待されていました。

政界転身後も、厚労副部会長、内閣府政務官、文部科学大臣政務官、復興大臣政務官の要職に就きます。

「朝まで生テレビ!」(テレビ朝日)などにも出演し、それなりのメディア露出はありましたが、皆さんは彼女のことをご存じでしたか?

2人めは杉田水脈(みお)議員。

雑誌「新潮45」(2018年8月号)に「LGBTのために税金を使うことに賛同が得られるものでしょうか。彼ら彼女らは子どもを作らない、つまり生産性がないのです」などと寄稿して、物議をかもしました。

実は、杉田議員のLGBTに対する発言は、「新潮45」の記事が初めてではありません。2015年に、ブログで「生産性のあるものと無いものを同列に扱うには無理があります。これも差別ではなく区別」と発言して物議をかもしています。ご存じでしたか？

さらに、「障がい者や病人以外は支援策は不要です」と発言し、最後に「この問題を含め、うまくいかないことがあれば国や行政になんとかしてもらおうとする。そういう事例が噴出してきています」「自分の問題は自分で解決できる自立した人間を作るための努力を怠ってきた、戦後日本の弊害かもしれません」と締めくくっています。ご存じでしたか？

●炎上は一般人には無縁の世界

豊田真由子元議員、杉田水脈議員の事例は、メディアでも大きく報道されましたので炎上と認定することができます。しかし、2021年、この話題をする人はまず見かけません。テレビはおろか、ネットニュースでも見ることはありません。

総務省の「情報通信白書」では、炎上は次のように定義されています。

> 「炎上」とは、「ウェブ上の特定の対象に対して批判が殺到し、収まりがつかなさそうな状態」「特定の話題に関する議論の盛り上がり方が尋常ではなく、多くのブログや掲示板などでバッシングが行われる」状態である。

「炎上」とは、ネット上などの失言に対し、非難や中傷の投稿が多数届いて、非難が集中することです。しかし、炎上前から2人を知っていたという人はどの程度いるでしょうか？

これが、ネットの特徴です。ネットなんてそんなレベルなのです。ネットに投稿したり、ネットで記事が目立つと、「インフルエンサー」などと言う方がいますが、これは大きな勘違いです。

炎上などは一般の方であれば無縁の世界です。ネットを見ている人のほとんどが、一瞬、目にした記事を誰が書いたかなどには興味もなければ、別に知りたくもないということです。

たとえ、読まれたとしても、大半の人が翌日には忘れています。だから、文章を書く前に炎上を気にしたり過剰な期待をするのは無意味なのです。

POINT

一般人にとって炎上は無縁のもの！　気にすることなどない。万が一多くの人の目にふれて盛り上がったら「ラッキー！」と思うくらいにポジティブに考えよう。

発信力を高めたいなら書き手になろう

●発信者になるために私が取った行動

「僕もWebメディアに記事を寄稿したいです」「どうすれば執筆者になれますか？」――このような質問を受けることがあります。文章力がついたら「世の中に発信したい」と思うのは当然のことです。しかし「発信者」になることはイコールで批判の対象にもなりやすいということです。一切の批判を受けたくないなら発信は控えたほうがよいでしょう。一方で、「批判など怖くはない」「炎上上等！」だと思われる人は発信者としての適性があります。

まず、私が発信者になる契機になった出来事をお話しします。10年ほど前、ある本の出版機会に恵まれました。編集者からは「重版しないと次の本はない」と言われましたので、知り合いのPR会社を通じて、ネットニュースの申し込みをしました。その会社の営業マンが言うには「うまくいけばYahoo!ニュースなど大手サイトにも載る可能性があります」とのこと。相応の費用を支払いました。ところが、期待したサイトに載ることはありません。載ったのはあまり影響力があるとは思えないサイトばかりでした。

当時、ネットニュースの情報などありません。そこで、Yahoo!ニュースに掲載していたサイトに片っ端（30社くらい）からコンタクトを取りました。しかし、当時の私は無名でしたので、返信もなく、相手にもされませんでした。次に考えたのは、文面を返信しやすい内容に変えることでした。文面を変えた途端に、返信があり書き手として登録することができました。私がどのような方法を使ったのかお教えします。

〈A.最初の30社に送った内容〉

○○サイト御中
いつも、貴サイトを拝見しております。このたび、貴サイトの書き手として登録したくご連絡しました。専門領域は政治経済全般です。是非ご検討いただきたくお願い申し上げます。まずはご返信をお待ちしております。
2010年○月　尾藤克之

おおむねこのような内容でコンタクトをしました。サイトには編集部の連絡先が載っていますので、それを調べて送りましたがまったく反応はありませんでした。

〈B.文面を変えた内容〉

○○サイト御中
いつも、貴サイトを拝見しております。○月○日に掲載していた○○に関する追加情報を持っています。すでに2000文字程度の原稿は完成しております。内容に問題がなければスポットで構いませんので掲載いただけないでしょうか。フィーなども不要です。まずはご返信をお待ちしております。
2010年○月　尾藤克之

5社にコンタクトしたところ3社から返信がありました。そのうち、最も返信が来るのが早かったサイトに掲載しました。このサイトはYahoo!ニュースに配信していたサイトです。幸運にも最初の投稿で、アクセスランキング2位までいきました。そのあと、数回の掲載機会をいただき、3回目の投稿で、アクセスランキング1位となりトピックスに載りました。こうなると、サイト側は手放さなくなります。

すぐに編集長と面会の機会があり条件提示もされました。そこで、わかったのは、Yahoo!ニュースは配信許可を得ていなければ100パーセント掲載されないということ。つまり、PR会社の営業マンが言っていた「**うまくいけばYahoo!ニュースにも載ります**」は嘘だったわけです。その後、私は発信者としての活動の幅を広げていきました。皆さんには同じような苦労はしてほしくありません。サイトの担当者は多忙を極めているので効率よく動かなくてはいけません。

●決め手となった「すでに原稿がある」「フィーが不要」

まず、Aの文面は論外です。普段からこのような連絡が山ほどあります。返信を期待するほうが無理というものです。次に、Bの文面を読んで担当者が思うメリットは次の2つです。

- **すでに原稿がある**
- **フィーが不要**

Webメディアの担当者は常にPVが稼げるネタを探しています。すでに原稿が完成していて、さらにフィーが不要なら読んでみようかと思いますよね。では、私は掲載されるかわからない原稿を5サイト分用意していたのでしょうか？　答えは否です。返信があった時点ですぐに原稿を作成しました。特ダネではなく、既出感のある内容でした。しかし、記事としてそのまま載せても大丈夫なレベルには仕上げていました。担当者は、日々どのようなニュースを載せるか頭を悩ませています。原稿チェックの手がかからず、フィーもかからない時点で、掲載OKのフラグに立ったはずです。

右の画像は、私も投稿しているJcastニュースの問い合わせページです。ネットニュースには問い合わせ窓口が必ずあります。

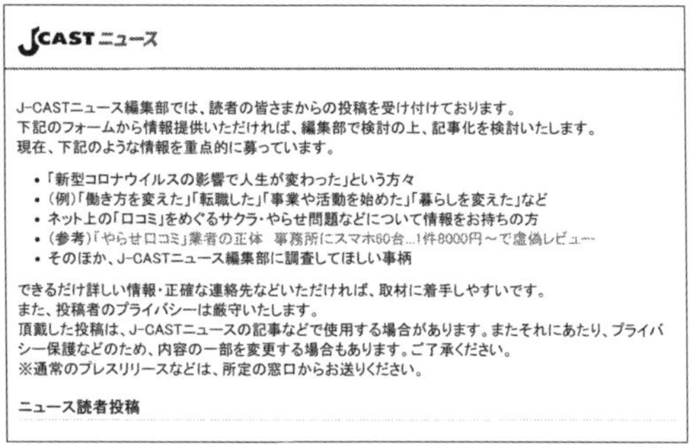

J-CASTニュース

J-CASTニュース編集部では、読者の皆さまからの投稿を受け付けております。
下記のフォームから情報提供いただければ、編集部で検討の上、記事化を検討いたします。
現在、下記のような情報を重点的に募っています。

- 「新型コロナウイルスの影響で人生が変わった」という方々
- (例)「働き方を変えた」「転職した」「事業や活動を始めた」「暮らしを変えた」など
- ネット上の「口コミ」をめぐるサクラ・やらせ問題などについて情報をお持ちの方
- (参考)「やらせ口コミ」業者の正体 事務所にスマホ60台...1件8000円～で虚偽レビュ一
- そのほか、J-CASTニュース編集部に調査してほしい事柄

できるだけ詳しい情報・正確な連絡先などいただければ、取材に着手しやすいです。
また、投稿者のプライバシーは厳守いたします。
頂戴した投稿は、J-CASTニュースの記事などで使用する場合があります。またそれにあたり、プライバシー保護などのため、内容の一部を変更する場合もあります。ご了承ください。
※通常のプレスリリースなどは、所定の窓口からお送りください。

ニュース読者投稿

https://secure.j-cast.com/form/post.html

Jcastニュースの場合は社内に編集スタッフがいて企画を持ち寄りますが、通常は、編集スタッフ1～2名ですべての作業を完結しなければなりません。**目ぼしいサイトが見つかったら、今説明したように、「すでに原稿がある」「フィーが不要」という2つを明記してコンタクトを試みてください。**高確率で反応があるはずです。そのチャンスを活かすかどうかは皆さんの文章力次第ですが、まずはアクションを起こしてみましょう。返信がなくても恥ずかしがることはありません。ご健闘をお祈り申し上げます。

POINT

まわりに関係者がいない場合、自ら開拓するしか方法はない。「すでに原稿がある」「フィーが不要」であることを明記してコンタクトしよう。高確率で反応があるはず。

〈参考文献〉

●参考書籍

『しっかり!まとまった!文章を書く』(前田安正、すばる舎)

『マジ文章書けないんだけど 〜朝日新聞ベテラン校閲記者が教える一生モノの文章術〜』(前田安正、大和書房)

『人を操る禁断の文章術』(メンタリストDaiGo、かんき出版)

『文章読本』(丸谷才一、中公文庫)

『文章力の基本』(阿部紘久、日本実業出版社)

『書いて生きていくプロ文章論』(上阪 徹、ミシマ社)

『大人の語彙力 使い分け辞典』(吉田裕子、永岡書店)

『幸福優位7つの法則 仕事も人生も充実させるハーバード式最新成功理論』(ショーン・エイカー、訳・高橋由紀子、徳間書店)

『脳の力を100%活用する ブレイン・ルール』(ジョン・メディナ、訳・小野木明恵、NHK出版)

『「知」のソフトウェア 情報のインプット&アウトプット』(立花 隆、講談社)

『学びを結果に変えるアウトプット大全』(樺沢紫苑、サンクチュアリ出版)

『精神科医が教える 読んだら忘れない読書術』(樺沢紫苑、サンマーク出版)

『新版 考える技術・書く技術 問題解決力を伸ばすピラミッド原則』(バーバラ・ミント、監修・グロービス・マネジメント・インスティテュート、訳・山崎康司、ダイヤモンド社)

『あなたの文章が劇的に変わる5つの方法』(尾藤克之、三笠書房)

『頭がいい人の読書術』(尾藤克之、すばる舎)

『3行で人の心を動かす文章術』(尾藤克之、WAVE出版)

『即効! 成果が上がる 文章の技術』(尾藤克之、明日香出版社)

●ネット記事

尾藤克之「朝日新聞telling,」 https://bit.ly/3ut5WEM(参照2021-3-22)

尾藤克之「東洋経済オンライン」 https://bit.ly/3eVfzFB(参照2021-3-28)

尾藤克之「ダイヤモンドオンライン」 https://bit.ly/3tl43sw(参照2021-4-3)

尾藤克之「JBpress」 https://bit.ly/3tfemhq(参照2021-4-9)

尾藤克之「オトナンサー」 https://bit.ly/2RoqzTK(参照2021-4-20)

尾藤克之「J-CAST会社ウオッチ」 https://bit.ly/3nPOxDS(参照2021-4-26)

尾藤克之「言論プラットフォームアゴラ」 https://bit.ly/3xKlmq8(参照2021-5-1)

尾藤克之「SAKISIRU」 https://bit.ly/3umYXxe(参照2021-5-2)

Twitterのフォロワーを増やすために！

本書の特典サービスとして、フォロワーを増やすための方法をお教えします。私がTwitterを始めたときには、フォロワーは1000にも満たない状況でした。配信する時間とツイート情報を精査することで半年ほどで1万フォロワーを超えました。くわしくは本書を参照ください。

今回、読者特典として20のコンテンツを用意しました。この情報を、1日4回ツイートしてください。

21日までは、次のページの表に振られた番号のコンテンツを配信してください。22日以降は、ツイートのインプレッションが高かった順番に配信してください。

1日に複数回継続的に発信するなら予約投稿機能を使わない手はありません。Twitterでは、あらかじめツイートを予約投稿することで、設定した日時に自動的にツイートすることができます。予約投稿はスマホのTwitterアプリでは設定できず、Web版Twitterでのみ可能です。

スマホの総合サイト「アプリオ」の情報が役立ちます。
https://appllio.com/twitter-schedule-post-tweet

	8時	12時	17時	20時
1日	01	02	03	04
2日	05	06	07	08
3日	09	10	11	12
4日	13	14	15	16
5日	17	18	19	20
6日	01	05	09	13
7日	17	02	06	10
8日	14	18	03	07
9日	11	15	19	04
10日	08	12	16	20
11日	01	06	11	16
12日	05	10	15	20
13日	13	18	03	08
14日	17	02	07	12
15日	04	07	10	13
16日	08	11	14	17
17日	12	15	18	01
18日	16	19	02	05
19日	20	03	06	09
20日	04	08	09	14
21日	19	07	17	04
22日	1位	2位	3位	4位
23日	5位	6位	7位	8位
24日	9位	10位	11位	12位
25日	13位	14位	15位	16位
26日	17位	18位	19位	20位
27日	1位	5位	9位	13位
28日	17位	2位	6位	10位
29日	14位	18位	3位	7位
30日	11位	15位	19位	9位
31日	4位	8位	12位	16位

〈作業1〉添付する画像を入手

https://www.photo-ac.com/
フォトACにログイン、「体温計」「風邪をひいた」で検索。

素材の ID：4013388
タイトル：風邪に罹患した女性
作者： クッキーズさん

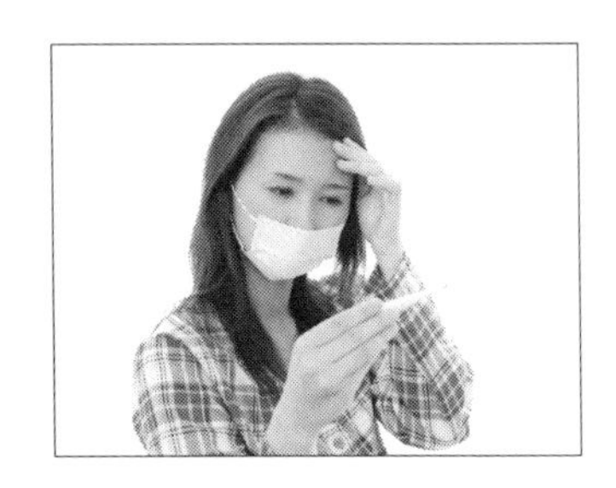

こちらの写真を使用してみます。

〈作業2〉ツイートと画像をセット

①ご自愛編の文章をコピペで貼り付けます
②画像をセットします
③予約をセットします（この場合は、2021年7月7日、AM8時）

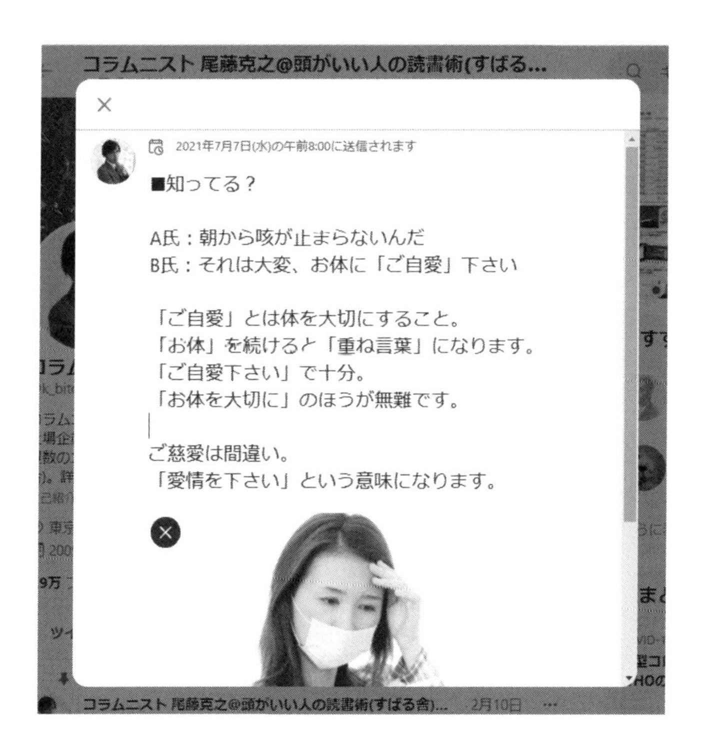

このようにセットしたら完了です。

Twitterの予約投稿が可能なツールをいくつか紹介します。
SocialDogはTwitter分析に特化しています。有償になりますが使いやすいツールです。私はフォロワー1000人未満で利用をはじめて、半年で1万、2年でフォロワー3万人に到達しています。
Tweetdeckは Twitter社公認のアプリです。英文ですが日本語翻訳表示すれば問題なく使用できると思います。

SocialDog　https://social-dog.net/

Tweetdeck　https://tweetdeck.twitter.com/

今回の施策を実行し、本書に書かれているように、「いいね」をしてくれた人をフォローし、RT（リツイート）していけば、1カ月後には相当数（おそらく数100）のフォロワーが獲得できるはずです。なお、このコンテンツは私からの読者プレゼントですから、聞かれたら「尾藤克之氏の特典」だと答えてください。なおツイートに著作権を明記すると文字数が少なくなりますから、記載は不要です。

私はこのようなコンテンツを300ほど作成しました。皆さんもご自身の属性に合わせてコンテンツを増やしていくことをおすすめします。なお、私の20のコンテンツが気に入りましたら、そのままお使いください。

Twitterなどのの SNSは仕様が頻繁に変わることがあります。常に最新の情報を入手するようにしてください。本施策は、あくまでも本書執筆時のものだとご理解ください。

01―ご自愛編

画像：体温計やマスクの写真、熱で寝込んでいる写真

■知ってる？

A氏：朝から咳が止まらないんだ
B氏：それは大変、お体に「ご自愛」下さい
「ご自愛」とは体を大切にすること。
「お体」を続けると「重ね言葉」になります。「ご自愛下さい」で十分。

「お体を大切に」のほうが無難です。

ご慈愛は間違い。
「愛情を下さい」という意味になります。

02 ― さわり編

画像：浄瑠璃の写真、演目の写真

■知ってる？

A氏：プレゼンの練習をしよう
B氏：「さわり」は僕がやります

「さわり」は最初の意味で使われがち。
本来は「もっとも盛り上がる部分」を指します。

義太夫節（浄瑠璃。三味線の伴奏で語る音楽）の聞かせどころのこと。
要点や印象に残るところ。見せ場 、クライマックスも同義。

03—潮時編

画像：頭を抱えている写真、会議の写真

■知ってる？

A氏：社長肝いりの新規開拓プロジェクトの成果が出ない
B氏：万策尽きました。「潮時」では？

「潮時」を限界が迫っているという意味で使いがちです。
本来は「一番いい時期」のこと。

この文脈なら「手詰まり」「万事休す」のほうがベター。
好機、潮合、汐合いなども同義。

04—煮詰まる編

画像：煮物が煮詰まった鍋の写真、会議の写真

■知ってる？

A氏：会議が長引いている。予定があるんだよな
B氏：さすがに「煮詰まって」きました

「煮詰まる」は成果が出ない状況で使われがち。
元々は煮物などで煮汁が少なくなることの表現です。

本来は、議論が出尽くして結論の出る状態のこと。
結論が出る寸前に用いるのが正解です。

05―破天荒編

画像：豪快な営業マンの写真、空き瓶の写真

■知ってる？

A氏：営業の郷田さんが退職されるそうだ
B氏：一晩でボトル10本空けるなど「破天荒」でした

「破天荒」は豪快、荒々しいなどの意味で使われがち。
実は今までできなかったことを成し遂げるホメ言葉。

この文脈なら「型破り」がベター。
一般紙でも間違えやすい故事成語。

06―前代未聞編

画像：野球のサヨナラゲームの写真、ゲームセットの写真

■知ってる？

A氏：野球部創設以来初の甲子園出場だ！
B氏：まさに「前代未聞」の快挙です！

某有名番組も間違えましたが「悪い」こと限定ではありません。
珍しいこと、変わったこと、大変な出来事という意味です。

「前代」は現在よりも前のこと。
「未聞」は未だ聞いたことがないの意味。

07—役不足編

画像：昇進・昇格して喜んでいる写真、辞令の写真

■知ってる？

A氏：中途の林君が部長に抜擢されたようだ
B氏：えっ、マジですか？彼では「役不足」です

「役不足」は能力が足らないという意味で使われがち。
自分の実力を軽んじられて役目が軽すぎることを意味します。

この文脈で使用なら「力不足」です。
また自分に使う言葉ではありません。

08―「おざなり」「なおざり」編

画像：営業マンの写真、営業の写真

■知ってる？

A氏：お客さまへの対応が「おざなり」ではないか？
B氏：最近は「なおざり」です

「おざなり」「なおざり」の違いとは何か？
共通は「いい加減であること」。

「おざなり」何らかの言動でその場をうまく取りつくろうこと。
「なおざり」は何もせずに放置していること。

09―ぶ然編

画像：怒りに満ちた上司の画像、機嫌が悪い人の写真

■知ってる？

A氏：今日は部長の機嫌が悪いなあ
B氏：朝礼でも「ぶ然」としてましたね！

「ぶ然」は腹を立てている場合に使われがち。

この流れなら激怒のほうがベターです。
本来は失望、落胆している状態のこと。

思いどおりにならなくて不満なさま。
憮然たる面持ちなど。

10―敷居が高い編

画像：高級店の写真、高級寿司の写真

■知ってる？

A氏：社長と銀座の寿司店に行ってきたよ
B氏：僕には「敷居が高い」ですね

「敷居が高い」をレベルが高い分不相応として用いるのは間違い。
後ろめたいことがあり「再度行くには抵抗がある」ことの意味。

この流れなら分不相応、身の丈にあわないがベター。

11―檄を飛ばす編

画像：上司が気合を入れている写真、ガッツポーズの写真

■知ってる？

議員：衆院解散が近いぞ
秘書：地盤を引締めるよう「檄を飛ばし」ます

「檄を飛ばす」に激励する意味はありません。
優れている点を述べ同意を求めること。
間違いやすい表現です。

文脈なら「活をいれる」が理想です。
某番組の元プロ野球選手、張本さんの「喝！」は誤用。

12―他山の石編

画像：上司と部下の写真、光った石の写真

■知ってる？

後輩：先輩を他山の石として頑張ります
先輩：よし、頑張れよ

この使い方は誤りです。
他人の悪い言動や行動も教訓になるという意味が正解。
くだらないと思える言動にヒントが隠れていることも。
同義として「反面教師」「人のふり見て我がふり直せ」など。

実は誤用が多い言葉です。

13—綺羅星編

画像：銀河系などの星の写真、流れ星の写真

■知ってる？

A氏：あそこにいるのは当社の経営陣です
B氏：「綺羅星（きらぼし）のごとく」ですね

「綺羅、星のごとく」が正解。
「地位や権勢」意味しますが「うわべだけの人」の意もあります。

綺羅には薄い絹糸の服という意味があります。
キラキラ星はフランス童謡。綺羅とは無関係です。

14—世間ずれ編

画像：常識はずれの写真（一気飲み、信号無視など）

■知ってる？

A氏：お前は「世間ずれ」している
B氏：先輩も「世間ずれ」していますよ

「世間ずれ」には「裏に通じて賢くなる」の意があります。
「常識からズレている」という使い方は誤用。

この文脈なら「心得ちがい」のほうがベター。
文化庁の調査で誤用が多い慣用句とされています。

15—上意下達編

画像：社長が指示をしている写真、社員が働いている写真

■知ってる？

A氏：ウチはトップダウンだな
B氏：「上意下達」ですね

上位の命令を下位へと伝える意思疎通のこと。
下達（げたつ）と読む人がいますが正解は下達（かたつ）。
指揮系統は上意下達が基本。

対義語は下意上達（かいじょうたつ）。
ボトムアップのこと。皆さんの会社は如何ですか？

16―合いの手を打つ編

画像：会議の写真、楽曲を演奏している写真

■知ってる？

A氏：彼の発言は会議の邪魔だな
B氏：すぐに話している途中で「合いの手を打つ」

「合いの手を打つ」を使う人がいます。
正解は「合いの手を入れる」。
相手の話の調子に合わせて言葉を挟むこと。

合いの手は手拍子ではなく「楽曲」をさします。
伴奏楽器だけで演奏する部分。

17―選りすぐり編

画像：メロンの写真、高級ギフトの写真

■知ってる？

A氏　これは、美味しそうなメロンですね
B氏　社長の「選りすぐり」です！

「選りすぐり」は選び抜かれたものという意味がありま

す。
読み方は「よりすぐり」「えりすぐり」どちらも正解。
「える」から転じた読みが「よる」になりました。

対義語は「寄せ集め」になります。

18―天地無用編

画像：荷物を運ぶ写真、引っ越しの写真

■知ってる？

A氏：この荷物はどのように積めばいいですか
B氏：「天地無用」ですから気にしないでいいよ

上下を気にしなくていいという意味ではありません。
正解は、「上下を逆にしてはいけない」という意味です。

無用＝必要ないことから転じたと言われています。
対象物を指す場合もあり。

19―一世一代編

画像：社長が仕事をしている写真、歌舞伎役者の写真

■知ってる？

A氏：これは、一世一代の大勝負になるな
B氏：社長、頑張れ、ファイト！

一生に二度とないような重大なことを意味します。
「いっせい一代」と読む人が多いと思います。
正解は「いっせ一代」。

歌舞伎役者が引退する花道を指しました。
同義として、生涯一度きり、後生一生など。

20—吝（やぶさ）かではない編

画像：出張の写真、新幹線の写真

■知ってる？

A氏：マジ、土日返上でやってらんない！
B氏：社長命令なら吝かではないでしょう！

「吝かでない」は「やむを得ない」の意味に使われがち。
正解はその物事に対して不満はないこと。
進んでやる、喜んですることの意味もあります。

この文脈だと土日返上で嬉しいになります。

おわりに――「文章力＋ネット発信力」は一生モノのスキルである

初めて著書を出した、2010年から10年あまりがすぎました。最初に出した本は、コンサルティング会社依頼の自己啓発書、しかも共著でした。奇をてらいすぎたのか売れゆきはかんばしくなく、次の本を出すまでに2年を要しました。しかも、新興の出版社だったので重版こそしたものの、思い通りの結果とはいきませんでした。

そんな私ですが、今まで16冊を世に出すことができました。現時点では、皆さんがお読みになっている本書を執筆していますが、このあと、別の出版社から2冊のオファーをいただいています。今年中には海外向けの翻訳本も出版されます。これは、ひとえにネットの力だと思っています。

10年ほど前から、ニュースサイトに記事を投稿するようになりました。メインで執筆していたのは「言論プラットフォーム・アゴラ」というオピニオンサイトです。執筆陣に専門的なオピニオン記事を書く人は充足していましたが、一般記事を書く人が不足していました。メンバーになれば、投稿回数に制限がないことや、Yahoo!ニュースに転載されることも大きな魅力でした。

最初は、平凡なコラム記事を書いていました。

ある日、知り合いの出版社から書籍紹介を依頼されます。翌日、1500文字の軽めの記事を載せたところ、

Yahoo!ニュースでアクセス1位を記録します。その書籍はAmazonで一気に完売となり、すぐに重版がかかりました。その後、評判を聞きつけた出版社からたくさんの本が届くようになります。紹介記事は毎日のようにYahoo!ニュースに掲載され、そのたびに、本がAmazonで完売となり重版がかかる流れがルーティンになりました。

私の記事がベストセラーのきっかけとなったことも多数あります。その中でも、印象深い1冊を紹介します。『「死ぬくらいなら会社辞めれば」ができない理由（ワケ）』（汐街コナ・著、ゆうきゆう・監修、あさ出版、2017年）という本です。出版前にプルーフ版（簡易製本のミニ冊子）が編集者から送られてきました。

「尾藤さん、この本売れると思います？」

当時、世間をにぎわせていたのは自殺に対する悲しいニュースでした。

- **日本では、15～39歳の死因第1位が「自殺」であること**
- **中高年（50代）の自殺も顕著であること**
- **これらの現象は先進国では日本のみで見られる特徴であること**

この本が、世相に対して一石を投じる可能性があると思ったので、出版前にもかかわらず記事にしてニュースに投稿しました。Yahoo!ニュースでは、初投稿にもかかわらず、国内2位のアクセスランキングを獲得します。「これはいける！」と確信した私は、続けて記事を投稿します。すると、2回目の投稿で、国内1位のアクセスランキングを獲得しました。

結果的に、この本は20回ほどニュースサイトに紹介しました。そのあと、読売新聞、朝日新聞、毎日新聞など主要新聞でも取り上げられ、『NEWS23』（TBS）にて、特集が組まれて一気に火がつきました。現在12万部を超える大ヒットを記録しました。もちろん、著者やこの本そのものに魅力があったわけですが、私の記事が大きな影響を及ぼしたことを誇りに思っています。

当時、Yahoo!ニュースに毎日、書籍紹介記事を載せていたのは日本では私以外にはいませんでした。これは、配信サイトと掲載記事すべてをチェックしたので間違いはありません。すでに「ライフハッカー」「ダヴィンチニュース」などいくつかの書籍紹介サイトも存在しましたが、メジャーな存在ではありませんでした。今なら、ステマの誹(そし)りを受けるのかもしれませんが、当時は、私の競合がまったく存在しなかったのです。

長年、右肩下がりの出版業界にも明るい兆しが見えてきました。出版科学研究所は、2020年の紙＋電子出版市場は1兆6168億円で2年連続プラス成長になったことを明らかにしました。それでも、ピークとされている、1996年の2兆6563億円の6割程度でしかありません。

1冊単行本を出すのに250万〜300万円程度のコストがかかるといわれています。これは出版社から出資を受けるようなものですから、新人著者はハードルが高くなります。

また、書店に置かれていても本は自然に売れていくわけではありません。売れ行きが悪ければ2週間ほどで回収され、1カ月で出版社に返本されます。そうなると、普通の著者では成すすべがありません。しかし、私にはネットで記事を書く力がありました。仮にリアル書店で売れなかったとしてもネット書店での実売が出せたため、大コケすることはなかったのです。

最後に、私が文章術の本を出版したときの話をしましょう。本書でも解説していますが、Twitterのネタを300ほど作成しました。300あれば数カ月はネタ切れになりません。作成したネタを3カ月間発信しつづけた結果、Twitterのみで3000冊を売り上げることができました。

多くの人は本は書店で買うものと思っているはずです。いわゆるベストセラー作家（たとえば、村上春樹や赤川次郎など）の本はいつまでも書店に置いてもらうことが可能です。しかし、私が出版するジャンルは実用書（ビジネス書）の分野です。せまいジャンルの中を多くの出版社と著者がひしめき合っています。

さらに、1日に出版される新刊の点数は250冊以上ともいわれています。本がなかなか売れない時代に、売れない本を置いておくデッドスペースは書店にありません。多くの本は返品されたら、そのあとに売るすべがないのです。そこで、私が注目したのがネットでした。ネットニュースに記事を配信できれば最も効果が高いと思いますが難易度が高いので、まずはSNSの活用を覚えてください。

今回は、「文章力＋ネット力」をアップさせるための実践的な内容を増やしました。ぜひ、楽しみながら実践してください。継続することで必ず成果が上がるはずです。

2021年5月　尾藤克之

尾藤克之（びとう かつゆき）

コラムニスト、著述家、明治大学客員研究員。
東京都出身。議員秘書、大手コンサルティングファームにて、組織人事問題に関する業務に従事、IT系上場企業などの役員を経て現職。現在は障害者支援団体のアスカ王国（橋本久美子会長／橋本龍太郎元首相夫人）を運営する。コラムニストとして、「JBpress」「朝日新聞telling」「オトナンサー」「J-CASTニュース」などで執筆中。これまで多数の本を紹介し、ベストセラーを生み出している。NHK、民放のTV出演、協力多数。著書に『あなたの文章が劇的に変わる5つの方法』（三笠書房）、『頭がいい人の読書術』（すばる舎）、『3行で人を動かす文章術』（WAVE出版）など多数。埼玉大学大学院博士課程前期修了。経営学修士、経済学修士。

Wikipedia　https://w.wiki/at5
Ameba公式ブログ「コラム秘伝のタレ」　https://ameblo.jp/bito-katsu
Twitter　@k_bito
連絡先　bito@askap.net

100万PV連発のコラムニスト直伝
「バズる文章」のつくり方

2021年6月16日　第1版第1刷発行

著者　尾藤克之
発行所　WAVE出版
〒102-0074　東京都千代田区九段南3-9-12
TEL　03-3261-3713　FAX　03-3261-3823
Email　info@wave-publishers.co.jp
URL　http://www.wave-publishers.co.jp
印刷・製本　中央精版印刷

ISBN978-4-86621-341-5　C0036

NDC816　240p　21cm